中等职业教育课程改革国家规划新教材

机械制图与计算机绘图
（通用）（第2版）

闫 蔚 主 编

高卫红 黄建萍 副主编

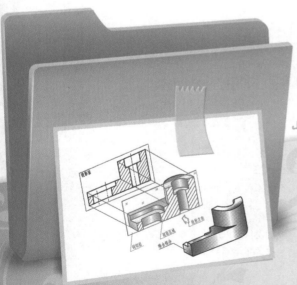

中国铁道出版社有限公司

CHINA RAILWAY PUBLISHING HOUSE CO., LTD.

内 容 简 介

本书为中等职业教育课程改革国家规划新教材，依照教育部 2009 年颁布的《中等职业学校机械制图教学大纲》（教职成〔2009〕8 号）编写而成。全书将机械制图和计算机绘图知识有机地进行融合，共分 9 章。主要内容包括制图绘图方式与基本知识，投影的基本知识，基本体与轴测投影，组合体，机件的常用表达方法，标准件、常用件及其规定画法，零件图，装配图和装配体中的零件测绘。与本书配套使用的《机械制图与计算机绘图习题集（通用）（第 2 版）》同时出版。

本教材突出如下特色：以识图能力与计算机绘图能力为主线；突出"做中学、做中教"；图文并茂，语言简明；兼顾"双证"；模块化设计，具有开放性。

本书与配套习题集适合作为中等职业学校机械类、近机类专业教材。

图书在版编目（CIP）数据

机械制图与计算机绘图 ：通用 / 闫蔚主编 . —2 版—北京 ：
中国铁道出版社，2017.1（2024.8 重印）
中等职业教育课程改革国家规划新教材
ISBN 978-7-113-22339-7

Ⅰ . ①机… Ⅱ . ①闫… Ⅲ . ①机械制图-中等专业学
校-教材②计算机制图-中等专业学校-教材 Ⅳ .
①TH126②TP391.72

中国版本图书馆 CIP 数据核字（2016）第 217763 号

书　　名：机械制图与计算机绘图（通用）
作　　者：闫　蔚

策划编辑：尹　娜　　　　　　　　　　编辑部电话：（010）51873206
责任编辑：尹　娜
封面设计：付　巍
封面制作：白　雪
责任校对：王　杰
责任印制：赵星辰

出版发行：中国铁道出版社有限公司（100054，北京市西城区右安门西街 8 号）
网　　址：http：//www. tdpress. com/51eds/
印　　刷：三河市兴达印务有限公司
版　　次：2010 年 6 月第 1 版　　2017 年 1 月第 2 版　　2024 年 8 月第 8 次印刷
开　　本：787 mm×1 092 mm　　1/16　　印张：16　　字数：362 千
书　　号：ISBN 978-7-113-22339-7
定　　价：45.00 元

中等职业教育课程改革国家规划新教材

出 版 说 明

　　为贯彻《国务院关于大力发展职业教育的决定》（国发〔2005〕35 号）精神，落实《教育部关于进一步深化中等职业教育教学改革的若干意见》（教职成〔2008〕8 号）关于"加强中等职业教育教材建设，保证教学资源基本质量"的要求，确保新一轮中等职业教育教学改革顺利进行，全面提高教育教学质量，保证高质量教材进课堂，教育部对中等职业学校德育课、文化基础课等必修课程和部分大类专业基础课教材进行了统一规划并组织编写，从 2009 年秋季学期起，国家规划新教材将陆续提供给全国中等职业学校选用。

　　国家规划新教材是根据教育部最新发布的德育课程、文化基础课程和部分大类专业基础课程的教学大纲编写，并经全国中等职业教育教材审定委员会审定通过的。新教材紧紧围绕中等职业教育的培养目标，遵循职业教育教学规律，从满足经济社会发展对高素质劳动者和技能型人才的需要出发，在课程结构、教学内容、教学方法等方面进行了新的探索与改革创新，对于提高新时期中等职业学校学生的思想道德水平、科学文化素养和职业能力，促进中等职业教育深化教学改革，提高教育教学质量将起到积极的推动作用。

　　希望各地、各中等职业学校积极推广和选用国家规划新教材，并在使用过程中，注意总结经验，及时提出修改意见和建议，使之不断完善和提高。

教育部职业教育与成人教育司
2010 年 6 月

前　言（第 2 版）

本书是中等职业教育课程改革国家规划新教材，经全国中等职业教育教材审定委员会审定通过，是根据教育部 2009 年颁布的《中等职业学校机械制图教学大纲》（教职成〔2009〕8 号）编写而成的。本书在编写过程中，本着专业建设与课程建设相结合的主旨，编者结合了自己从事职业教育 20 多年的教学经验和教改成果，并广泛吸收了一线教师的意见和建议，尤其参考了企业工程师和技术工人的意见。修改的主要内容有：将 AutoCAD 绘图与制图教学融合，在与机械制图相应的内容中增加了计算机基础知识、AutoCAD 常用的绘图与编辑命令、AutoCAD 高级的绘图命令及计算机的尺寸与文本标注等内容；叙述内容图文并茂，言简意赅；在知识窗、知识链接中删除与本课程关系不大的内容；增加课堂练习和上机练习题。本书在第 1 版的基础上对涉及最新国家标准的内容作了相应地更新和修改，并将 AutoCAD 2007 升级为目前最常用的 AutoCAD 2010。

一、教材特色

1. 突出识图能力与计算机绘图能力主线

根据中等职业学校人才培养目标的要求，依照知识的逻辑体系和学生认知规律，突出培养学生识图能力和计算机绘图能力这条主线，适当降低了理论知识的难度，删除了一些实用价值不大的内容，在充分保证学生识图和徒手绘图训练的基础上，加大了计算机绘图教学内容的比例。

2. 突出"做中学、做中教"的职业教育教学特色

致力于提高学生全面素质和综合职业能力，突出"做中学、做中教"的职业教育教学特色，注重培养学生认真负责的工作态度、交流沟通与合作能力，促进良好职业素养的形成。教材中编写了课内实训、课堂讨论及课堂活动等内容，为实施任务驱动、项目教学等行动导向的教学方法提供便利。

3. 语言简明，图文并茂

为了培养学生的空间想象和思维能力，形成由图形想象物体、以图形表现物体的意识和能力，本书语言文字简明，以图形表示为核心，采用了精心描绘及润饰的平面图和立体图，使其达到醒目和直观的效果。

4. 兼顾"双证"

本教材与中等职业资格证书培训并举，教材中的计算机绘图部分，是按照工业产品类 CAD 技能一级考评标准进行编写的。教学示例和习题与相关职

业资格考试紧密结合，为学生取得相应的资格证书创造条件。

5. 模块化设计，具有开放性

采用模块化处理教材内容，使教材具有较强的开放性，这样学校可以根据专业培养的实际需要，自主确定和选择所教授的内容。

此外，作为综合应用部分，第 9 章装配体中的零件测绘，是通过选择恰当的测绘零部件，以培养学生初步制订并组织实施工作计划的能力。这种以工作过程贯穿于实践教学的编写方式，能较方便地组织开展项目式教学活动。

为方便教和学，还组织编写了配套的《机械制图和计算机绘图习题集（通用）（第 2 版）》，其内容分为课堂教学及课后练习两部分，所编的习题有较大的余量，以便教师课堂教学及学生练习选用。部分习题附有答案，以方便学生课后练习。

本书共有九章，并附有必要的国家标准摘录等。书中带有 * 号的章节，可根据专业特点进行取舍。

二、学时安排建议

模 块	教学单元	建议学时
基础模块	绪论	1
	制图绘图方式与基本知识	12～20
	投影的基本知识	8～12
	基本体与轴测投影	8～12
	组 合 体	12～22
	机件的常用表达方法	12～18
	标准件、常用件及其规定画法	8～12
	零件图	16～26
	装配图	10～16
	机动	8～12
	合计	95～151
综合实践模块	典型零部件测绘	（0.5～1 周）

实行学分制的学校，可按 16～18 学时折合 1 学分计算。

三、教学方法建议

立足于培养学生的综合职业能力，激发学生的学习兴趣，坚持"做中学、做中教"，采用精讲多练的教学方法。

可按工作任务或项目组织教学，让学生接触企业产品图样。

教学中，应注重培养学生认真负责的工作态度、交流沟通与合作能力，促进良好职业素养的形成。

综合实践模块是本课程的重要组成部分，应该结合专业背景，选择适合测绘的零部件，培养学生初步制订并组织实施工作计划的能力。教学过程中应注意加强安全防护的教育。

提倡使用多种教学手段组织教学，配置挂图、模型、典型零部件、实物投影仪、多媒体课件和绘图软件等。

全书由北京农业职业学院（清河分院）闫蔚任主编，北京自动化工程学校高卫红、贵阳铁路工程学校黄建萍任副主编。参加本教材编写工作的有马鞍山工业学校黄加根。

限于作者的水平，书中难免仍有错漏之处，欢迎广大读者特别是任课教师提出批评意见和建议，并及时反馈给我们。

编　者
2016 年 7 月

目　录

第0章 绪 论

0.1 图样与图样绘制在生产中的用途

在现代化的生产建设中，无论是一台机器的设计、制造、安装，还是一个工程建筑物的规划、设计、施工、管理，都离不开图样。图样能表达物体的形状、大小、材料、构造，以及有关技术要求等内容，如同语言、文字一样，是人们用以表达设计意图、组织生产施工、进行技术交流的重要技术文件，故图样素有"工程语言"之称。不同性质的生产部门所用的技术图样有不同的要求和名称，如机械图样（图 0-1）、建筑图样（图 0-2）、电气图样（图 0-3）等，机械制图就是研究机械图样的一门课程。

随着计算机技术的发展和计算机的普及，传统的手工绘图方式逐渐由计算机绘图所取代，计算机辅助绘图、设计与制造已广泛应用于我国的各个领域。与手工绘图相比，计算机绘图的特点具有：绘图效率和质量高；有利于图样文件信息的保存和修改；绘图过程直观，便于人—机对话；减轻劳动强度等优点。因此，应用与发展计算机绘图具有十分重要的意义。AutoCAD 是 Autodesk 公司推出的一个通用的计算机辅助设计软件包。由于它易于使用、适应性强（可用于机械、水工、建筑、电子等许多行业）、易于二次开发，而成为当今世界上应用最广泛的 CAD 软件包之一。

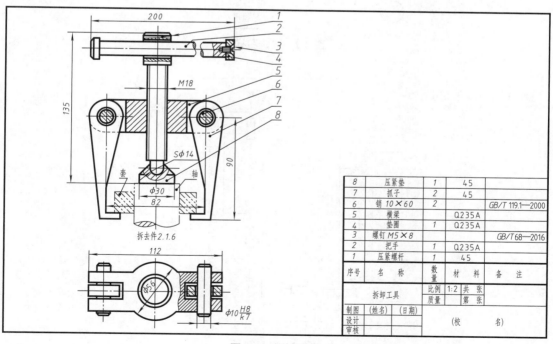

图 0-1　机械图样

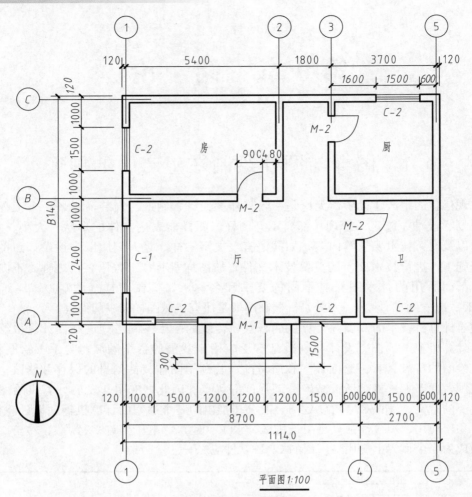

平面图 1:100

图 0-2　建筑图样

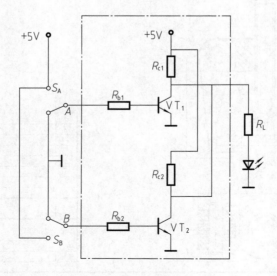

图 0-3　电气图样

0.2 本课程的教学目标

本课程具有知识与能力目标和素质教育目标。

1. 知识与能力目标

通过本课程的学习，学生能够树立执行机械制图国家标准和相关行业标准的责任意识；掌握并能应用正投影法的基本理论和作图方法；具有绘制和阅读工程图样的基本能力；熟练掌握应用计算机绘图软件抄画机械图样的技能。

2. 素质教育目标

通过学习本课程，激发学生的求知欲，培养学生具备一定的空间想象和思维能力，形成由图形想象物体、以图形表现物体的意识和能力，进而达到创新思维能力的形成，使学生的潜能得到充分的开发。同时，还要使学生养成耐心、细致、严谨的习惯和作风；养成规范的制图习惯；养成自主学习的习惯，能够获取、处理和表达技术信息，并能适应制图技术和标准变化的能力。

0.3 本课程的主要内容

本课程是中等职业学校机械类及工程技术类相关专业的一门基础课程。其主要的学习任务是：使学生掌握机械制图的基本知识，获得读图和绘图能力；培养学生分析问题和解决问题的能力，使其形成良好的学习习惯，具备继续学习专业技术的能力；对学生进行职业意识培养和职业道德教育，使其形成严谨、敬业的工作作风，为今后解决生产实际问题和职业生涯的发展奠定基础。

本课程是一门理论与实践紧密结合的重要的专业基础课，其主要学习内容如下：

①使学生能执行机械制图国家标准和相关行业标准；

②能够运用正投影法的基本原理和作图方法；

③能够识读和测绘中等复杂程度的机械图样，并能绘制简单的零件图；

④熟练应用计算机绘图软件抄画机械图样。

0.4 本课程学习方法介绍

机械制图与计算机绘图是一门既重理论又重实践的应用型课程，与其他课程比较，一个显著特点是运用形象思维方法对物体的空间形状进行分析和想象。它重点研究空间形体（机件）和平面图形（图样）之间相互转换的规律。在学习过程中，要进行由物画图及由图想物的反复训练。在学习过程中要弄清形体和投影之间的关系，注意培养空间想象和逻辑思维能力，多想、多看、多练，注重理论联系实际，切忌死记硬背，同时要学会查阅国家标准及有关设计手册，树立国家标准的意识，并在手工与计算机绘图中严格遵守，认真贯彻。

在学习过程中更应重视对新的学习方法的掌握。

1. 模型制作法

利用橡皮泥制作模型，能够较快地培养出基本的空间想象能力。捏橡皮泥的过程，是对立体构型的思考过程，通过从平面图形到立体结构的反复认识过程，空间思维能力随之得到提高。只有培养出基本的空间想象能力，才能掌握图样的阅读和绘制方法。

2. 实物绘图法

通过创设学习情境，根据实物或教学模型绘制图样。教学过程中通过直观的教学方法，利用实物、教学模型来建立和培养学生的观察、分析能力，从而达到提高分析能力和逐步构思零件空间形状的能力。

3. 阅读图例法

由于机械制图课程的内容是与生产实践紧密结合的，学习者应该在生产实习等教学环节中，注意图样的表达和绘制方法。通过精读经典图例，能够对图样在生产实践中作用进行了解，从而较好地掌握图样的绘制和阅读方法，并养成自觉遵守国家制图标准的习惯。

第1章 制图绘图方式与基本知识

1.1 尺规绘图及绘图工具的使用

本节重点

（1）熟练掌握手工绘图工具及仪器的使用方法；

（2）了解和掌握国家标准中有关尺寸标注的基本知识。

1.1.1 尺规绘图

"工欲善其事，必先利其器"。一套质量好的绘图工具，加上正确的使用方法，是保证图形绘制又快又好的重要条件。利用绘图工具绘图的方法常称作尺规绘图。

1. 图板、丁字尺和三角板

图板和丁字尺等绘图工具如图 1-1 所示。

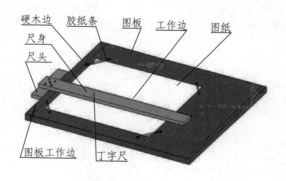

图 1-1 图板、丁字尺

图板是用来固定图纸的矩形木板，要求表面平坦光洁、工作边平直。

丁字尺由尺头和尺身两部分组成。它主要用来画水平线，配合三角板画垂直线和常用角度的倾斜线。使用时，左手握住尺头，使尺头内侧边紧靠图板导边，上下移动到绘图所需位置，配合三角板绘制各种图线（见表 1-1）。

表 1-1　丁字尺配合三角板绘制各种图线

绘图工具	绘制内容	绘图方法举例
三角板　丁字尺	画已知直线的平行线	
	画已知直线的垂线	
	画已知圆的切线	
	画两圆的内公切线	
	画两圆的外公切线	
	画水平线、铅垂线及平行线	 (a) 画水平线　　(b) 画铅垂线　　(c) 画平行线

绘图工具	绘制内容	绘图方法举例
三角板　丁字尺	15°、30°、45°、60°、75° 等角度的斜线	
	等分圆周成为 4、6、8、12、24 等分及给别正多边形	 （a）等分圆周　　（b）作正三边形和正六边形
	斜度的画法	 （a）斜度的标注 （b）斜度线的作法

绘图工具	绘制内容	绘图方法举例
三角板 丁字尺	锥度的画法	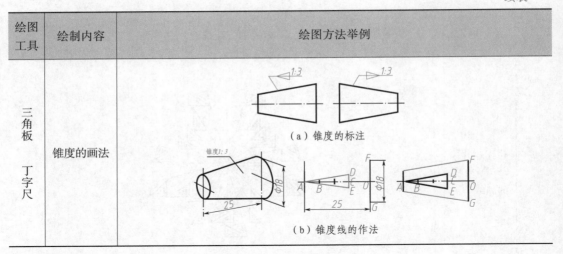 （a）锥度的标注 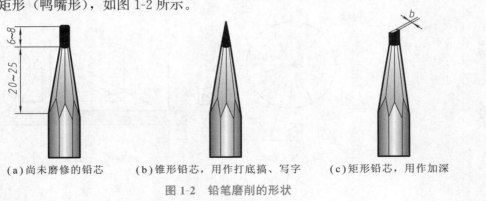 （b）锥度线的作法

2. 铅笔

绘图铅笔依笔芯的软硬有 B、HB、H 等多种标号。B 前面的数字越大，表示铅芯越软。H 前面的数字越大，表示铅芯越硬，HB 标号的铅芯硬软适中。画粗线常用 B 或 HB，画细线常用 HB 或 H。一般将画细线铅笔芯的磨成圆锥（针状）形，画粗线的铅笔芯磨成矩形（鸭嘴形），如图 1-2 所示。

（a）尚未磨修的铅芯　　　（b）锥形铅芯，用作打底搞、写字　　　（c）矩形铅芯，用作加深

图 1-2　铅笔磨削的形状

3. 圆规和分规

圆规用来画圆和圆弧。画图时应尽量使钢针和铅芯都垂直于纸面（图 1-3），钢针的台阶与铅芯尖应平齐，使用手法如图 1-4 所示。用于圆规上的铅芯应比画同类直线的铅笔软一些，其磨削形状如图 1-5 所示。

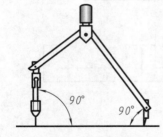

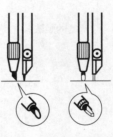

图 1-3　圆规的钢针和铅芯都垂直于纸面　　　图 1-4　画圆的手法　　　图 1-5　圆规用铅芯形状

圆规在绘图中的应用，见表1-2。

表 1-2　圆规在绘图中的应用

绘图工具	绘制内容	绘图方法举例
圆规	画圆	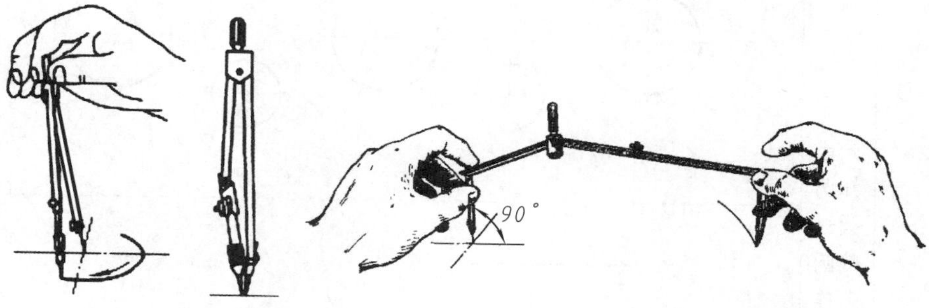 (a) 画圆　　(b) 画小圆　　　　(c) 画大圆
	画圆内接正多边形	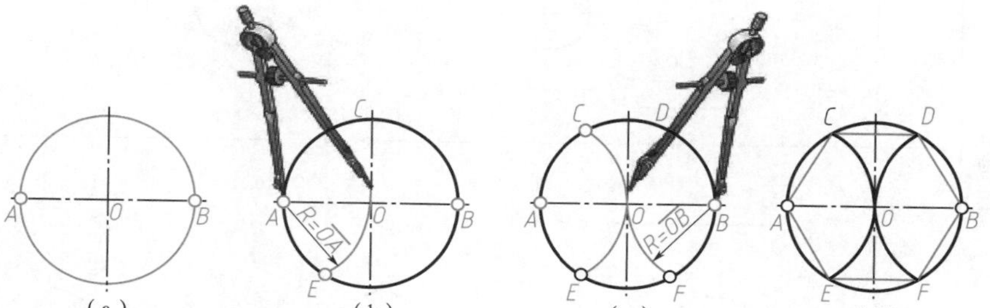 （a）　　　　（b）　　　　（c）　　　　（d）
	画已知两直线的圆	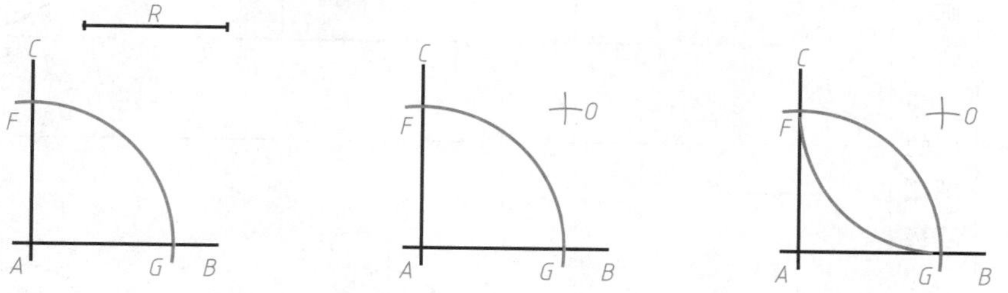
	弧连接	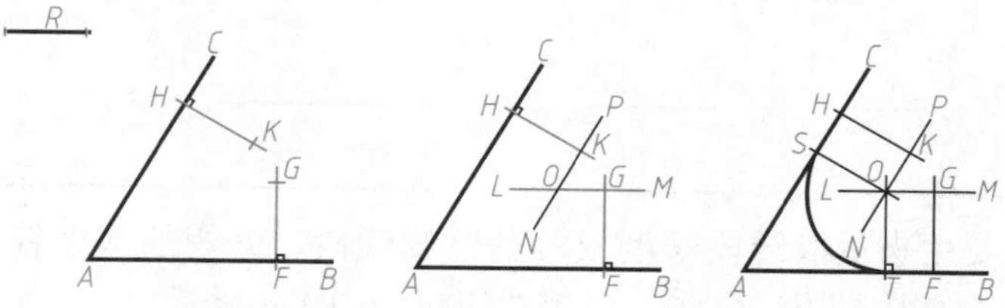

绘图工具	绘制内容	绘图方法举例
圆规	画已知两圆弧的圆弧连接	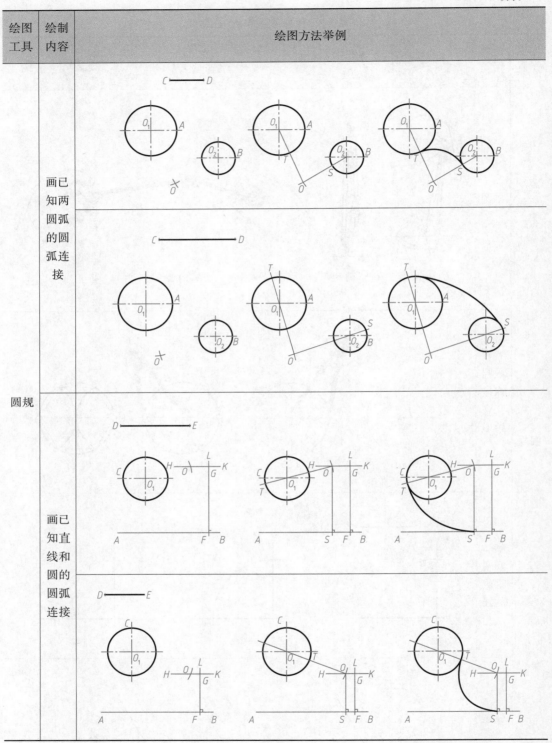
	画已知直线和圆的圆弧连接	

分规主要用来量取线段长度或等分已知线段，分规的两个针尖应调整平齐。用分规等分线段时，通常要用试分法。分规的用法如图 1-6 所示。

（a）针尖对齐 （b）分规开合手法 （c）等分线段

图 1-6 分规的用法

 课堂活动

抄画图样练习

◇ **材料工具**（3 人一小组）：

每组分有 3 种规格不同的图纸及一份比例为 1∶1 的图样（图 1-7）。

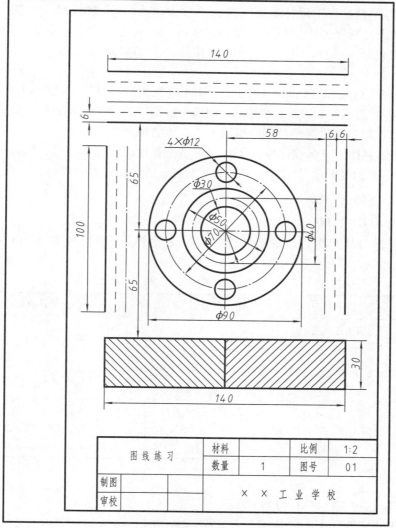

图 1-7 图样

◇ **活动要求：**

- 阅读图样，各组提出图样抄画练习的评分标准；各组抄画所给图样。
- 各组中的每人需要选择恰当规格的图纸，分别按照 1：1、1：2、2：1 三种比例，完成图样图形的抄画。
- 各组绘制完毕后，组间相互交换所完成的图样，并按照教师总结的评分标准进行公正评价。
- 各组评价反馈及绘图体验交流。

◇ **讨论**

1. 所绘图形中共有几种线型？
2. 1：1、1：2、2：1 绘出的图形与图样比较有何变化？

1.1.2 制图基本知识

"工程图样"被喻为工程技术界共同的"技术语言"，严格按照统一的"制图标准"设计绘图和读图，对保证产品质量和提高企业品位及效益等均十分重要。我国现行机械制图标准主要包括：《技术制图》《机械制图》《CAD 制图标准》《CAD 文件管理标准》等。

本节重点介绍 GB/T 14690—1993《技术制图 比例》、GB/T 14691—1993《技术制图 字体》、GB/T 4457.4—2002《机械制图 图样画法 图线》，其中对图样中的比例选取、字体形式和尺寸，以及基本线型及其应用做出了具体的规定。

"GB"是强制性国家标准代号，"GB/T"是推荐性国家标准代号。"14690""14691""4457.4"为标准的批准序号，"1993""2002"表示该标准发布的年号。

1. 比例、字体与图线

（1）比例（GB/T 14690—1993）

图样中图形与其实物相应的要素线性尺寸之比称为比例。绘制图样时，一般选用表 1-3 规定的比例，并尽量采用 1：1 比例。

表 1-3 绘 图 比 例

种　　类	定　　义	优先选择系列	允许选择系列
原值比例	比值为 1 的比例	1：1	
放大比例	比值大于 1 的比例	5：1　2：1 $5×10^n$　$2×10^n$：1 $1×10^n$：1	4：1　2.5：1 $4×10^n$：1　$2×10^n$：1
缩小比例	比值小于 1 的比例	1：2　1：5　1：10 $1：2×10^n$　$1：5×10^n$ $1：1×10^n$	1：1.5　1：2.5　1：3　1：4　1：5 $1：1.5×10^n$　$1：2.5×10^n$ $1：4×10^n$　$1：6×10^n$

注：n 为正整数。

（2）字体（GB/T 14691—1993）

国家标准规定图样上的汉字字母和数字，书写时必须做到：字体工整　笔画清楚

排列整齐　间隔均匀，见表 1-4。

字体的号数就表示字体的高度，字体高度的尺寸系列为 1.8、2.5、3.5、5、7、10、14、20 共 8 种，单位为 mm。汉字应写成长仿宋体，并用简写。汉字的高度不应小于 3.5mm，其宽度一般为字高的 $1/\sqrt{2}$。

图样中的字母和数字写法有 A 型和 B 型两种。A 型字体的笔画宽度（d）为字高（h）的 1/14，B 型字体的笔画宽度（d）为字高（h）的 1/10。字母和数字可写成斜体或直体。斜体字字头向右倾斜，与水平基准线成 75°。

表 1-4　字　　体

字　体		示　　例
长仿宋体	10 号字	字体工整笔画清楚排列整齐间隔均匀
	7 号字	横平竖直注意起落结构均匀填满方格
	5 号字	中等职业教育课程改革国家规划新教材
	3.5 号字	土木工程识图房屋建筑类技术制图——字体
拉丁字母	大写	ABCDEFGHIJKLMNOPQRSTUVWXYZ
	小写	abcdefghijklmnopqrstuvwxyz
阿拉伯数字	斜体	0123456789
	直体	0123456789
罗马数字	斜体	I II III IV V VI VII VIII IX X
	直体	I II III IV V VI VII VIII IX X

（3）图线（GB/T 4457.4—2002）

绘制工程图样时常用的线型、线宽和主要用途，见表 1-5，其应用示例如图 1-8 所示。在机械图样中常采用粗细两种线宽，它们之间的比例为 2：1，粗线线宽优先采用 0.7mm 或 1mm，同一张图样中相同线型的宽度应一致。

表 1-5　图线及应用（摘自 GB/T 4457.4—2002）

代码 No	名　称	机械图常用线型及名称	图线宽度（d）	应用及说明
01.1	细实线	——————	d/2	尺寸线及尺寸界线、剖面线、引出线、过渡线
	波浪线	～～～～	d/2	徒手连续线，为细实线的变形。用于断裂处的边界线，视图和剖视图的分界线等
	双折线	⌁⌁⌁	d/2	为图线的组合，由几何图形要素在实线上规则地分布形成。用于断裂处的边界线
01.2	粗实线	——————	d	可见轮廓线、可见棱边线
02.1	细虚线	- - - - -	d/2	不可见轮廓线、不可见棱边线
02.2	粗虚线	- - - - -	d	允许表面处理的表示线
04.1	细点画线	—·—·—	d/2	轴线、对称中心线、剖切线
04.2	粗点画线	—·—·—	d	限定范围表示线
05.1	细双点画线	—··—··—	d/2	极限位置轮廓线、假想投影轮廓线，相邻辅助零件轮廓线，中断线

注：在一张图样上一般采用一种线型，即采用波浪线或双折线。

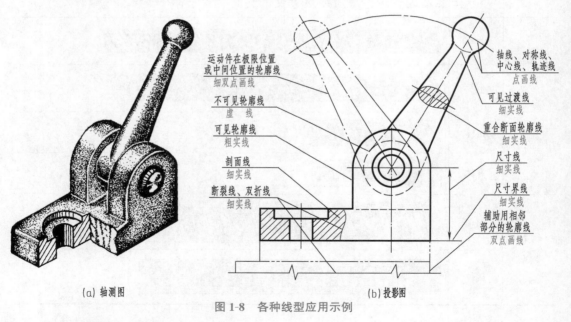

(a) 轴测图　　　　　　　　(b) 投影图

图 1-8　各种线型应用示例

画线时应注意以下几点：

①同一图样中，同类图线的宽度基本一致。虚线、点画线及双点画线的线段长度和间隔应各自大致相等。

②虚线与虚线或虚线与粗实线相交时，交接部分应该是线段相交，如图 1-9 所示。

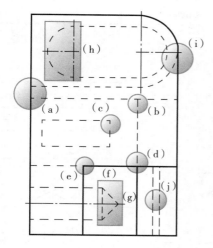

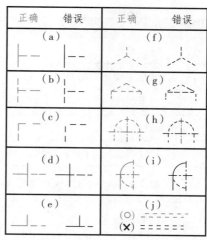

图 1-9　虚线的交接画法

③点画线的两端应超出图形轮廓线 2～5mm。当圆的直径较小（直径小于 12mm）的可用细实线代替点画线，超出图形轮廓约 3mm。

对于计算机绘制工程图所用的图线的颜色和图层，国家标准也进行了规定，一般按表 1-6 中提供的颜色显示，并要求相同类型的图线应采用同样的颜色。

表 1-6　CAD 制图中图线的颜色

图线名称	图线类型	屏幕上的颜色
粗实线	——————————	白色
细实线	——————————	绿色
波浪线	～～～～～	
双折线	～／～／～	
虚线	– – – – – –	黄色
细点画线	— · — · — ·	红色
粗点画线	— · — · — ·	棕色
双点画线	— ·· — ·· —	粉色

图层是用户组织、管理图形的有效工具。每一个图层都有自己的名称、颜色和线型。CAD 工程图的图层管理见表 1-7。

表 1-7　图层管理（摘自 GB/T 18617.1—2002）

层　号	描　述	图　例
01	粗实线、判切面的粗剖切线	——————————
02	细实线	——————————
	细波浪线	～～～～
	细双折线	～／～／～
03	粗虚线	■ ■ ■ ■ ■ ■

层　号	描　　述	图　例
04	细虚线	 – – – – – –
05	细点画线、剖切面的剖切线	 — · — · — · —
06	粗点画线	 — · — · — · —
07	细双点画线	 — ·· — ·· — ·· —
08	尺寸线、尺寸界线、投影连线	 ⊢————⊣
09	参考圆，包括引出线和终端（如箭头）	 ⊙⟋
10	剖画符号	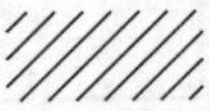 ╱╱╱╱
11	文本、细实线	ABCDE
12	尺寸值和公差	80±0.03
13	文本、粗实线	HFGHS
14、15、16	用户选用	

2. 尺寸注法（GB/T 4458.4—2003）

所绘机件的大小由图样上标注的尺寸确定。GB/T 4458.4—2003《机械制图　图样画法　尺寸注法》中对尺寸标注作了一系列规定。

（1）基本规则

①机件的真实大小应以图样上所注的尺寸数值为依据，与图形的大小及绘图的准确度无关。

②图样中的尺寸，以 mm 为单位时，不需标注计量单位的代号或名称，如采用其他单位，则必须注明相应的计量单位的代号或名称。

③图样中所标注的尺寸，为该图样所示机件的最后完工尺寸，否则应另加说明。

④机件的每一尺寸，一般只标注一次，并应标注在反映该结构最清晰的图形上。

⑤标注尺寸时，应尽可能使用符号或缩写词。常用符号及缩写词见表 1-8，标注尺寸符号的比例画法如图 1-10 所示。

表 1-8　常用标注尺寸的符号及缩写词

符号或缩写词	含　义	符号或缩写词	含　义
ϕ	直径	t	厚度
R	半径	⌵	埋头孔
S	球	⊔	沉孔或锪平
EQS	均布	↓	深度
C	45°倒角	□	正方形
∠	斜度	▷	锥度

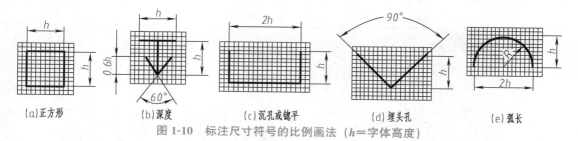

图 1-10　标注尺寸符号的比例画法（h＝字体高度）

（2）尺寸的组成

一个完整的尺寸应由尺寸数字、尺寸界线、尺寸线及表示尺寸线终端的箭头或斜线（图 1-11）组成，尺寸标注示例如图 1-12 所示。

机械图样中一般采用箭头作为尺寸线的终端，建筑图样采用斜线形式作为尺寸线的终端。

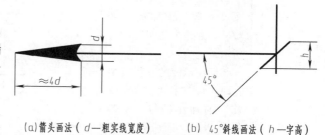

图 1-11　箭头为 45°斜线画法

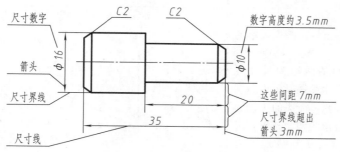

图 1-12　尺寸标注示例

常用尺寸标注的有关规定见表 1-9。

表 1-9　常用尺寸标注的规定

项　目	规　定	图　例
1. 线性尺寸的标注	①线性尺寸的尺寸数字，一般应填写在尺寸线的上方（也允许注在尺寸线的中断处），如图（a）、（b）所示。 ②对于线性尺寸数字的标注方面，一般应随尺寸线方向的变化而变化，如图（c）所示，并尽可能避免在 30°的范围内标注尺寸。当无法避免时，可按图（d）所示引出标注	数字放在尺寸线上方　　数字放在尺寸线中断处 （a）　　　　（b） （c）　　　　　　　　（d）

续表

项　目	规　定	图　例
2. 圆、圆弧及球面的尺寸标注	①圆须注出直径，且在尺寸数字前加注符号“ϕ”，注法如图（a）所示。 ②圆弧须注出半径，且在尺寸数字前加注符号“*R*”，注法如图（b）所示。 ③标注球面的直径或半径时，应在符号“ϕ”或“*R*”前加注符号“*S*”，如图（c）、（d）所示	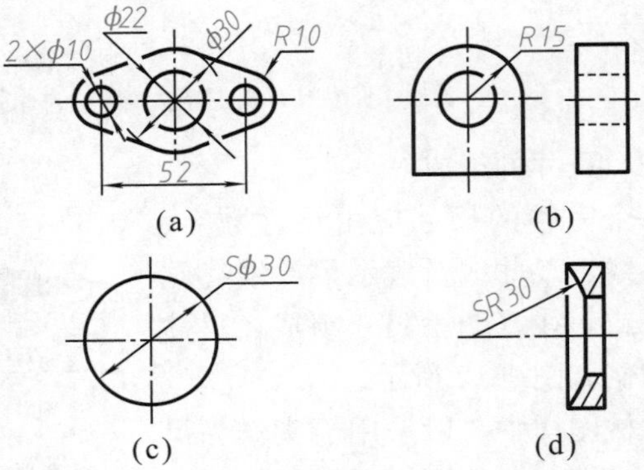 (a)　(b)　(c)　(d)
3. 角度的注法	图形上标注角度大小的形式如图(a)、(b)所示。即以角的两边为尺寸界线，尺寸线是以角顶为圆心的圆弧，箭头的尖端同样要与角的两边接触，尺寸数字一律写成水平方向，并要在数字的右上角加注角度代号“°”	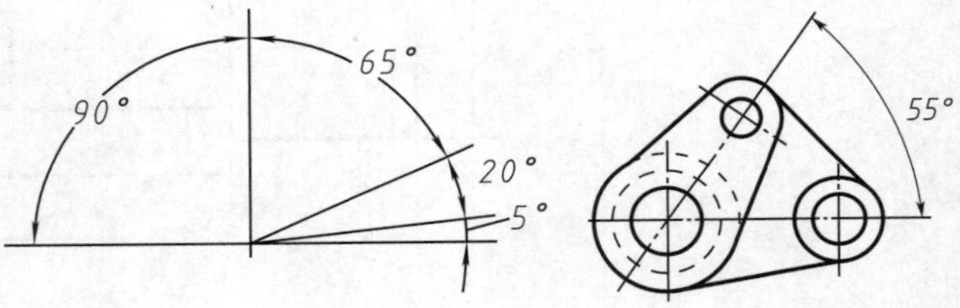 (a)　(b)
4. 均布孔的注法	均匀分布的孔，可按图(a)、(b)所示标注，当孔的定位和分布情况在图中已明确时，允许省略其定位尺寸前的“EQS”，如图（c）所示	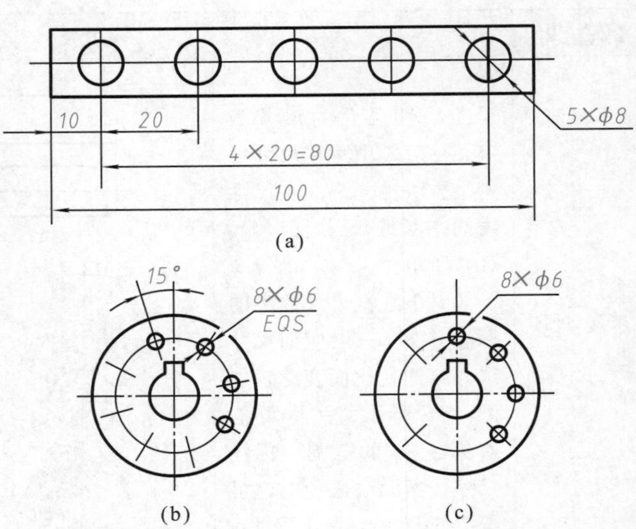 (a)　(b)　(c)

项　目	规　定	图　例
5. 正方形的注法	标注正方形的尺寸时，可在边长数字前加注符号"□"，如图例所示。	
6. 狭小部位的尺寸注法	当没有足够位置画箭头和写数字时，可将其中之一布置在外面，也可以把箭头和数字都布置在外面。标注一连串小尺寸时，可用小圆点或斜线代替中间的箭头，如图例所示	

3. 尺规绘图的方法与步骤

（1）绘图前的准备工作

先准备好所需的绘图工具及用品，削好铅笔，整理好工作地点。然后用干布将图板、丁字尺和三角板擦干净，还要洗净手。

按图样的大小选择图纸的幅面，应优先采用表 1-10 中规定的图纸幅面尺寸，其尺寸关系如图 1-13 所示。

表 1-10　图纸幅面尺寸（GB 14689—2008）　（单位：mm）

幅面代号		A0	A1	A2	A3	A4
幅面尺寸 $B \times L$		841×1189	594×841	420×594	297×420	210×297
周边尺寸	e	20			10	
	c	10			5	
	a	25				

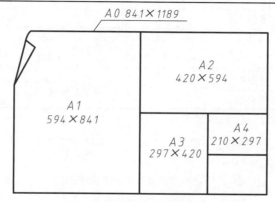

图 1-13　图纸基本幅面的尺寸关系

将所选的绘图纸用胶带粘在图板上，粘图纸时应用丁字尺校正其位置（图 1-14）。

根据图幅画出图框和标题栏。在图纸上必须用粗实线画出图框，图样必须绘制在图框内。其中图框格式分为留装订边［图 1-15（a）］、［（b）］和不留装订边［图 1-15（c）、（d）］两种，而同一种产品的图样只能用一种图框格式。国家标准对标题栏已作了统一规定，制图作业建议采用的标题栏如图 1-15（e）所示格式。

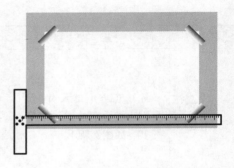

图 1-14　丁字尺校正图纸位置

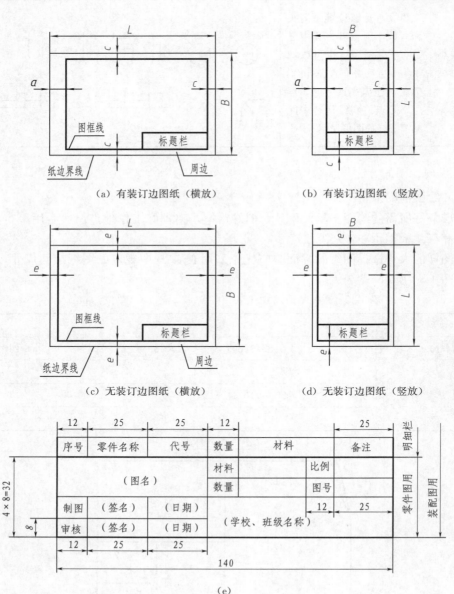

（a）有装订边图纸（横放）　　　　（b）有装订边图纸（竖放）

（c）无装订边图纸（横放）　　　　（d）无装订边图纸（竖放）

（e）

图 1-15　制图作业推荐用标题栏的格式

（2）尺规绘图作图步骤

现以机座为例说明平面图形尺规绘图的方法和步骤，如图 1-16 所示。

（a）画图框

（b）绘制并填写标题栏

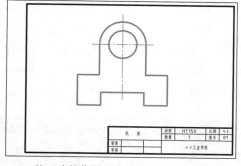

（c）按正确的作图方法绘制底稿线，
要求图线细而淡，便于修改

（d）完成图形的尺寸标注

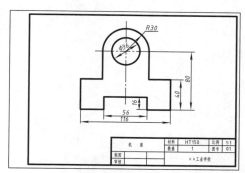

（e）描深图线，描绘顺序宜先细后粗、先曲后直、先横后竖、
从上到下、从左到右、最后描倾斜线，修饰并校正全图

图 1-16　尺规绘图

1.2　计算机绘图基础知识

本节重点

（1）熟练掌握 AutoCAD 2010 的基本操作；

（2）理解并掌握基本的绘图辅助工具以及会使用显示控制命令；

（3）会使用和自定义基本的图形样板。

随着计算机技术的发展，计算机绘图已经逐渐替代了传统绘图方式。计算机绘图一方面继承了传统作图法的绘图原理，另一方面克服了传统绘图依赖于绘图工具和仪器，制图过程繁琐、设计效率低、修改麻烦，以及不方便长期保存等缺点，具有作图精确、效率高，以及图样管理方便等特点。

AutoCAD 是美国 Autodesk 公司于 1982 年在微机上开发的计算机辅助设计绘图软件，集二维图形绘制、三维造型、数据库管理、图形处理等功能于一体，经过多年来十几次的软件升级，AutoCAD 的功能、性能大幅地增加和提高，现已成为广泛应用于机械、建筑、电子、艺术造型及工程管理等领域的绘图软件。

近年来，Autodesk 公司以每年一个新版本的频率加快了 AutoCAD 软件的更新速度，本书的计算机绘图内容以 AutoCAD2010 为平台，介绍应用 CAD 技术绘制机械图样的方法，其中绝大部分内容适用于 AutoCAD2000 以后的各个版本。

1.2.1　AutoCAD 2010 的工作界面

首次启动 AutoCAD 2010 的工作界面，屏幕布局如图 1-17 所示，单击 AutoCAD 2010 工作界面左上角的"切换工作空间"列表框，在弹出的下拉列表中选择"AutoCAD 经典"选项，如图 1-18 所示切换为 AutoCAD 经典界面，如图 1-19 所示。

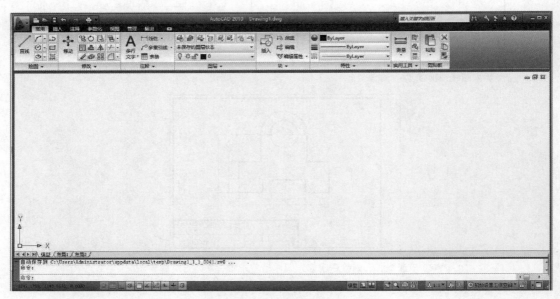

图 1-17　AutoCAD 2010 默认的工作界面

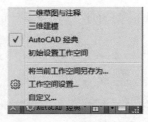

图 1-18　工作界面切换

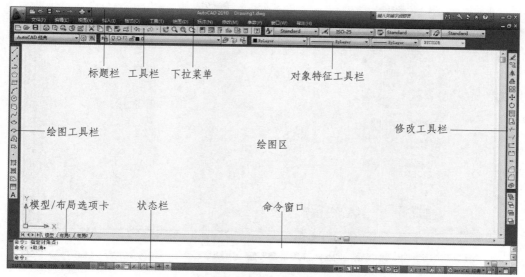

图 1-19 AutoCAD 2010 经典的工作界面

AutoCAD 2010 经典空间与 AutoCAD 传统版本界面相似，一般由标题栏、菜单栏、绘图区、状态栏、命令行、文本窗口、坐标系及十字光标等几部分组成。下面分别对 AutoCAD 2010 经典空间的工作界面各部分内容进行简单的介绍。

1. 标题栏

标题栏位于 AutoCAD 绘图窗口的最上端，其功能是显示当前运行的软件的名称，以及当前绘制的图形文件的名称。双击左上角的图标可关闭 AutoCAD 软件，右上角是"最小化""最大化"和"关闭"按钮。

2. 下拉菜单

AutoCAD 2010 的下拉菜单包括"文件""编辑""视图""插入""格式""工具""绘图""标注""修改""窗口"和"帮助"等 11 个主菜单项。AutoCAD 软件中的多数命令都可以在下拉菜单中找到。

在下拉菜单中，如果菜单项右侧跟有"▶"符号，表示该菜单项有若干子菜单；如果菜单项右侧跟有"..."符号，表示选中该项菜单项时会弹出一个对话框。

3. 工具栏

AutoCAD 2010 中的工具栏包含有"标准""对象特征""绘图""修改""标注""视图""缩放"等 40 多个项目。有些工具栏在缺省界面处于关闭或隐藏状态，只要将鼠标移到一个工具栏上单击右键，在出现的快捷菜单中选择所需的工具栏，就可以打开在缺省界面关闭或隐藏的工具栏，如图 1-20 所示。也可以选择下拉菜单中的"视图"→"工具栏…"选项，弹出"自定义"对话框，可以从中打开和关闭任何工具栏。每个工具栏的位置都可以根据需要进行拖动和重新放置。

4. 绘图区

绘图区是用来显示、绘制和编辑图形的工作区域。当鼠标控制的光标位于绘图区内时，其形状呈十字线，用于定位点或选择图形对象。移动十字光标，状态栏中会显示光

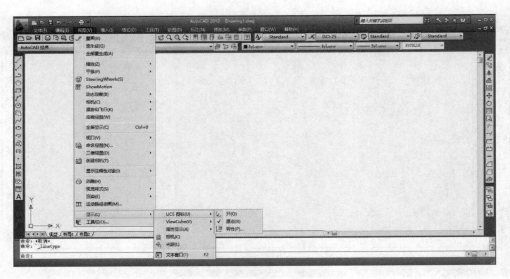

图 1-20　工具栏快捷菜单

标所在位置的坐标值。AutoCAD 2010 采用多文档设计环境，所以可以同时存在多个绘图窗口。

5. 状态栏

状态栏位于命令行窗口的下方如图 1-21 所示。状态栏的左边显示当前的坐标，右边有 10 个按钮，从左至右分别为"捕捉""栅格""正交""极轴""对象捕捉""对象追踪""DUCS""DYN""线宽""模型/图纸"。其中，捕捉用于确定光标每次可在 X 和 Y 方向移动的距离，而且还可以为 X、Y 设置不同的距离；栅格用于辅助定位，打开栅格显示时，在绘图界限范围内将规则地布满小点；正交用于控制可以绘制支线的种类，打开正交模式则只能绘制垂直和水平线。鼠标单击这些按按钮可以在打开和关闭两种不同状态之间切换，也可以选择"工具"→"草图设置"来设定其状态和距离。

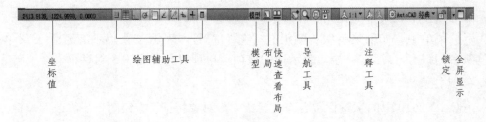

图 1-21　状态栏

此外，还可以利用状态栏中的"极轴""对象捕捉""对象追踪""线宽""模型/图纸"来设置是否打开极坐标、对象捕捉、对象捕捉追踪、显示/隐藏线宽、切换模型空间和布局空间等。

6. 命令行及文本窗口

命令行窗口位于绘图区的下方，是用来输入命令和显示提示信息的地方。命令行窗口中含有 AutoCAD 软件启动后的所用过的全部命令及提示信息。AutoCAD 文本窗口的作用和命令行窗口的作用一样，按功能键【F2】可以将 AutoCAD 文本窗口打开和关闭，在所显示的文本窗口中可以查看以前执行过的命令，如图 1-22 所示。

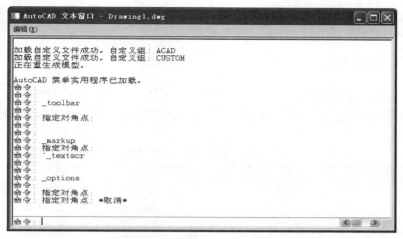

图 1-22　AutoCAD　文本窗口

7. 十字光标

绘图区的光标为十字光标，用于绘图时的坐标定位和对象选择。表 1-11 列出了 Auto-CAD2010 中绘图环境在缺省情况下的部分鼠标形状及其含义。

表 1-11　各种鼠标形状含义

鼠标形状	含义	鼠标形状	含义
↖	正常选择	□	选择目标
＋	正常绘图状态	＋	输入状态
⧗	等待符号	⧖	应用程序启动符号
✛	任意移动	☞	帮助跳转符号
I	插入文本符号	✋	视图平移符号

8. 坐标系

坐标系是图形学的基础，利用坐标系可以确定对象在绘图空间所处的位置。Auto-CAD 默认为世界坐标系（WCS），如图 1-23（a）所示。AutoCAD 中还有另外一个重要的坐标系——用户坐标系，图标如图 1-23（b）所示。用户可以根据绘图的需要，设置各种不同的用户坐标。图 1-23（c）表示用户处于世界坐标系的图纸空间。

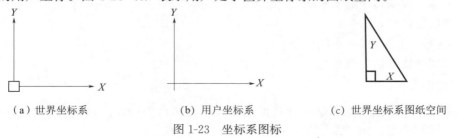

（a）世界坐标系　　　　　　（b）用户坐标系　　　　　（c）世界坐标系图纸空间

图 1-23　坐标系图标

9. 模型/布局选项卡

绘图区底部有"模型""布局1""布局2"等3个系统默认标签。单击标签可使绘图区显示模型空间或图纸空间。一般的绘图工作在模型空间进行，图纸空间主要完成打印输出图形的布局。

1.2.2 文件管理

计算机绘图时都需要新建文件或打开已有的文件，绘图完成必须存储文件后正常退出。文件管理的方法与大多数软件相同。AutoCAD中常用的文件管理命令和功能，见表1-12。

表 1-12 文件管理命令及功能

命令	快捷键	下拉菜单	工具栏图标	功　能
new	Ctrl + N	"文件"→"新建文件"		执行新建命令，AutoCAD弹出"选择样板"对话框，从样板文件中选择样板文件，再单击"打开"按钮，就会以该样板建立新图形文件。
open	Ctrl + O	"文件"→"打开"		执行打开命令，AutoCAD弹出"选择文件"对话框，在该对话框中选择要打开的图形文件，再单击"打开"按钮，则可打开该文件。
qsave	Ctrl + S	"文件"→"保存"		执行存盘命令后，AutoCAD把当前编辑的已命名的图形文件直接以原文件名存盘，不再提示输入文件名。
saveas	Ctrl + Shift + S	"文件"→"另存为"		执行换名存盘命令后，可将当前图形文件以新的文件名存盘。

1.2.3 命令的操作方法

1. 命令的输入

AutoCAD中的命令可通过多种方式输入并执行，具体如下：
①单击工具栏中的图标按钮；
②选择下拉菜单中的菜单项；
③键盘直接键入命令；
④选择右键快捷菜单中的选项；
⑤利用快捷键键入命令。

2. 透明命令

透明命令是指在其他命令执行过程中可以嵌套执行的命令。透明命令一般用于环境的设置或辅助绘图，如"缩放""平移"等。

3. 重复执行命令

在 AutoCAD 中执行完某个命令后，如果要立即重复执行该命令，最常用的方法是按回车键或空格键，即可重复执行刚执行的命令。

1.2.4　选择对象的方式

AutoCAD 选择对象的方法有许多种，常用的几种方式如下。

1. 拾取框选择（系统默认方式）

移动光标，将拾取框移动到要选择的实体上，然后单击拾取对象。该方式一次只能选择一个对象。

2. 窗口方式

通过先输入窗口左下角点，后输入窗口右上角点来定义一个矩形窗口，完全处于窗口中的对象被选中，如图 1-24 所示。

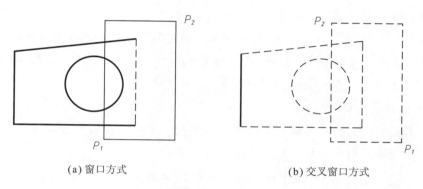

(a) 窗口方式　　　　　　　　　　　(b) 交叉窗口方式

图 1-24　选择对象方式

3. 交叉窗口方式

通过先输入窗口右上 /下角点，后输入窗口左下/上角点来定义一个矩形窗口，完全和部分处于窗口中的对象被选中。

4. 全部（ALL）方式

输入"ALL"命令后回车，除冻结层以外的全部对象都被选中。

1.2.5　精确作图的方法

计算机绘图比手工绘图更加精确，AutoCAD 中设置了多种提高绘图的准确性和绘图效率的功能。常用的方法如下。

1. 键盘输入点的坐标值

（1）输入点的绝对直角坐标值

绝对直角坐标是指相对当前坐标原点的坐标。用直角坐标系中的 X、Y 坐标值表示一个点的位置。与坐标系箭头方向一致为正，反之为负，坐标值之间用","隔开。

（2）输入点的相对直角坐标值

相对直角坐标是指某点相对于已知点沿 X 轴、Y 轴的位移量（ΔX，ΔY）。输入时必须在坐标值前加"@"符号。

（3）输入点的绝对极坐标值

绝对极坐标是指通过某点距当前坐标系原点的距离及它在 *XOY* 平面中该点与坐标原点的连线与 *X* 轴正向的夹角来确定的该点位置，其输入格式为"长度＜角度"。

（4）输入点的相对极坐标值

相对极坐标是指通过定义某点与已知点之间的距离以及两点之间的连线与 *X* 轴正向的夹角来定位该点的位置，其输入格式为"@长度＜角度"。

【例题 1-1】绘制如图 1-25 所示的图形。

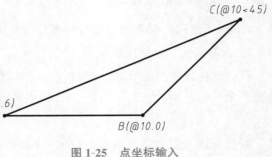

图 1-25　点坐标输入

【作法】

命令：LINE↙

指定第一点：5，6↙（指定直线起始点 A 的绝对直角坐标）

指定下一点或［放弃（U）］：@10，0↙（指定第二点 B 的相对直角坐标）

指定下一点或［闭合（C）/放弃（U）］：@10＜45↙（指定第三点 C 的相对极坐标）

指定下一点或［闭合（C）/放弃（U）］：c↙（封闭图形）

2. 图形的显示控制

在绘图和编辑图形时，经常要对图形进行缩放、平移、重新生成等操作。AutoCAD 中常用的图形显示控制命令和功能，见表 1-13。

表 1-13　常用的图形显示控制命令

命　令	下拉菜单	工具栏图标	功　　能
zoom	"视图"→"缩放"		"窗口缩放"按钮 功能：放大指定的矩形区域；实时缩放按钮 功能：可以通过按住鼠标左键向上或向下实现动态缩放；缩放上一个按钮 功能：返回前一个缩放视图
pan	"视图"→"平移"→"实时"		执行命令时，光标变为手形，按住鼠标的拾取键可以锁定光标相对视图坐标系的当前位置。图形显示随光标向同一方向移动，松开拾取键即停止
redraw/redrawall	"视图"→"重画"		清屏以及将当前屏幕图形进行重新显示
regen/regenall	"视图"→"重生成"/"全部重生成"		系统重新计算图形组成部分的屏幕坐标，并重新在屏幕上显示

3. 对象捕捉

对象捕捉是指将拾取点自动定位到与图形中相关的关键点上，如线段端点、圆或圆弧圆心等。利用对象捕捉，用户可以快速、准确地拾取特殊点，从而保证作图的准确性。

选择下拉菜单"工具"→"草图设置"，弹出"草图设置"对话框，将对话框中的"对象捕捉"选项卡设置为当前，选中各关键点前的复选框，即开启该点捕捉功能，如图1-26所示。

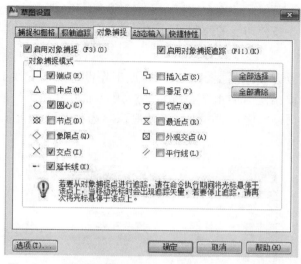

图 1-26　"草图设置"对话框中的"对象捕捉"选项卡

AutoCAD 已将各种对象捕捉工具按钮集中在对象捕捉工具栏上，选择下拉菜单中"视图"→"工具栏"命令，从系统弹出的"工具栏"对话框选项卡中选取"对象捕捉"选项，"对象捕捉"工具条就会显示出来，如图 1-27 所示。

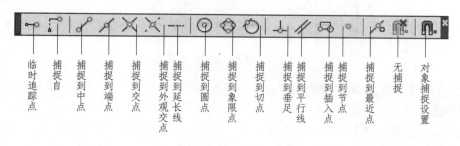

图 1-27　"对象捕捉"工具条

【例题 1-2】如图 1-28 所示，利用对象捕捉功能完成两圆公切线的绘制。

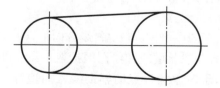

图 1-28　利用对象捕捉功能绘制两圆公切线

29

【作法】

命令：CIRCLE↙（输入圆命令，在绘图区绘制 2 个圆）；

命令：LINE 指定第一点↙（输入直线命令）。

（单击"对象捕捉"工具条上的"捕捉到切点"按钮。移动光标到第一个圆上，出现切点指示符号时，单击鼠标右键确定选择。）

指定下一点或［放弃（U）］：

（单击"对象捕捉"工具条上的"捕捉到切点"按钮。移动光标到第二个圆上，出现切点指示符号时，单击鼠标右键确定选择。）

同样方法完成另一条公切线的绘制。

4. 极轴追踪和对象捕捉追踪

利用极轴追踪可以方便地捕捉到通过前一点预先设定的角度线上的任意点；对象捕捉追踪可以快速地拾取指定方向上的目标点。应用极轴追踪和对象捕捉追踪时，应首先打开"草图设置"对话框，将对话框中"极轴追踪"选项卡设为当前，设置必要的参数，如图 1-29 所示。

图 1-29　"极轴追踪"选项卡

【例题 1-3】 利用极轴追踪绘制过直线的交点作 60°、25°、170°斜线的操作步骤如下。

【作法】

①选择下拉菜单"工具"→"草图设置"，打开"草图设置"对话框，将对话框中的"极轴追踪"选项卡设置为当前，其中极轴增量角设为"30°"、附加角设为"25°、170°"，确定后关闭对话框。

②单击状态行"极轴"按钮，打开极轴追踪。

③输入直线命令，捕捉交点为第一点。

④移动光标并使之停留在 60°、25°、170°斜线方向上（此时出现点状射线及线段的长度和角度提示），从键盘输入线段长度或在绘图区拾取一点，即完成斜线的绘制。

对象捕捉追踪是指沿基于对象捕捉点的辅助线方向追踪。对象捕捉追踪必须与对象捕捉同时打开。

1.2.6　绘图环境设置

1. 绘图单位的设置

选择下拉菜单"格式"→"单位…"命令或从命令行输入 UNITS 命令，系统弹出"图形单位"对话框，如图 1-30 所示，用户可根据需要分别在"长度"和"角度"两个组合框内设定绘图的长度单位及其精度，角度单位及其精度。

2. 绘图区域的设置

选择下拉菜单"格式"→"图形界限"命令或从命令行输入 LIMITS 命令，Auto-CAD 在命令提示窗口要求用户给定绘图左下角和右上角的坐标，用来设定图形限定范围（网点显示范围）的极限尺寸。图形界限设置完成后，使用 ZOOM ALL 命令，使得设置的绘图区域充满屏幕。

图 1-30　"图形单位"对话框

【例题 1-4】设置 A4 图幅。

【作法】设置 A4 图幅的命令显示及操作如下。

命令：LIMITS↙（输入图形界限命令）

指定左下角点或［开（ON）/关（OFF）］＜0.0000，0.0000＞：↙

指定右上角点＜420.0000，297.0000＞：297，210（输入图幅右上角点的坐标）

命令：ZOOM（输入缩放命令）↙

指定窗口角点，输入比例因子（nX 或年 XP），或者［全部（A）/……窗口（W）］＜实时＞：A↙

1.2.7　图层的设置与管理

利用图层来管理图形是 AutoCAD 的一大特色。可以将图层理解为透明纸，图形的不同部分画在不同的透明纸上，最终将这些透明纸叠加在一起组成一张完整的图形。一个图形通过分层管理，使得对图形的编辑操作更加灵活方便，同时利用图层的特性（如不同的颜色、线宽、线型等）可以区分不同的对象（如尺寸标注对象和文本标注对象的区分）。图层管理功能（打开/关闭、冻结/解冻、加锁/解锁等），使得用户灵活选择自己所需要的显示对象，方便图形的编辑与修改。

通过选择下拉菜单"格式"→"图层"命令或单击工具栏中的"图层特性管理器"按钮图标，打开"图层特性管理器"对话框，如图 1-31 所示，选择不同的设置可以改变图层的状态和特性。

1. 新建图层

AutoCAD 的系统默认图层为"0"层，颜色为白色，线型为实线（Continuous），线宽为"默认"，"普通"打印样式。0 图层不能被删除或重命名。

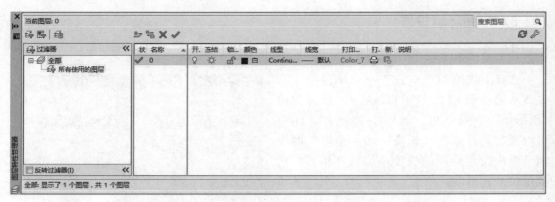

图 1-31　"图层特性管理器"对话框

根据绘图需要，可以创建新图层。选择"图层特性管理器"对话框中的"新建图层"按钮，AutoCAD 将生成一个名为"图层 1"的新图层。连续单击"新建图层"按钮可创建多个图层，系统默认层名"图层 2""图层 3"……，如图 1-32 所示。为了方便学习，表 1-14 中给出了设置新建图层的建议。

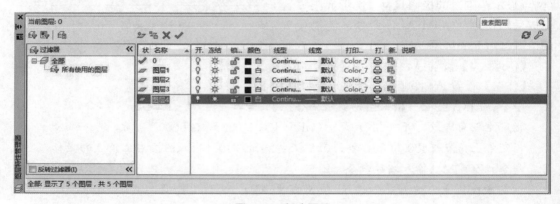

图 1-32　新建图层

表 1-14　设置新建图层的建议

层　名	颜　色	线　型	线　宽
1　粗实线	白/黑	Continuous	0.7
2　细实线	白/黑	Coninuous	0.35
3　点画线	红	Canter	0.35
4　虚线	品红	ACAD _ ISO02W100	0.35
5　尺寸	绿	Continuous	0.35
6　文学	蓝	Contiuous	0.35
7　剖断线	青	Contiuous	0.35

2. 设定图层为当前层

在"图层特性管理器"对话框中图层名列表框中选定一个图层名，单击"置为当前"按钮，就可以将该层设置为当前层，或双击选定层的状态图标，使图标由"🖍"状态变为"✔"状态，也可以将该层设置为当前层。

3. 删除图层

要删除多余的图层，可以从列表框中选择一个或多个需要删除的图层，然后单击"图层特性管理器"对话框中的"删除图层" ✕ 按钮即可。

4. 修改图层颜色

每个图层都应具有一种颜色，以帮助区分图形中不同性质的对象。在"图层特性管理器"对话框中选择一个图层，单击"颜色"图标，系统弹出"选择颜色"对话框，选定图层颜色后单击"确定"按钮关闭对话框。

5. 修改图层的线型

若要选择实线（Continuous）以外的线型，需要加载线型后，才能逐个设置图层的线型。

在"图层特性管理器"对话框中，单击需要修改图层的"线型"图标按钮，系统弹出"选择线型"对话框，如图 1-33（a）所示，单击"加载"按钮，系统弹出"加载或重载线型"对话框，如图 1-33（b）所示，选择需要加载的线型，单击"确定"按钮，即可将所选线型加载到"线型管理器"中，选择图层所需要的线型，就可以进行图层线型的修改。

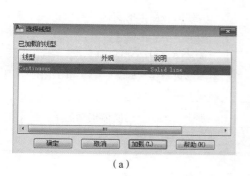

（a）　　　　　　　　　　　　　　　　　　（b）

图 1-33　"选择线型"和"加载或重载线型"对话框

6. 修改图层的线宽

在"图层特性管理器"对话框中，单击图层的线宽值，系统弹出如图 1-34 所示"线宽"对话框，选择所需线宽，单击"确定"按钮，即可为所选图层确定线宽。

图 1-34　"线宽"对话框

7. 控制图层的状态

状态开关显示在"图层"工具栏的下拉列表框，如图 1-35 所示，即"图层特性管理器"对话框中。

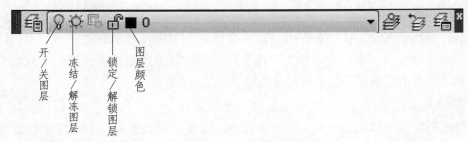

图 1-35 "图层"工具栏的下拉列表框

在下拉列表框选定需要控制的图层，单击图层状态控制图标进行状态开关切换，图形显示效果见表 1-15。

表 1-15 控制图层的状态及效果

图层状态控制		图形的效果
开/关图层	打开图层开关显示为 💡	关闭时该层上的实体不显示、不打印 图形重新生成时不计算
	关闭图层开关显示为 💡	
冻结/解冻图层	解冻图层开关显示为 ⭕	冻结图层上的实体不显示、不打印 图形重新生成时需计算，解冻图层会引起图形的重新生成
	冻结图层开关显示为 ❄	
锁定/解锁图层	解锁图层开关显示为 🔓	锁定的图层上的实体仍然显示，但不能对其进行编辑操作
	锁定图层开关显示为 🔒	

1.3 AutoCAD 常用绘图与编辑命令

本节重点

会熟练使用基本的绘图和编辑命令绘制简单图形。

1.3.1 基本图形的绘制

任何一幅工程图都是由一些基本图形元素，如直线、圆、圆弧、曲线和文字等组合而成，掌握基本图形元素的功能，是学习计算机绘图的重要基础。

AutoCAD 将绝大部分基本绘图命令制成了工具按钮，集成在"绘图"工具栏上，如图 1-36 所示，下面将分别介绍各种工具的使用。

1. 绘制直线（line）

"直线" ╱ 按钮用于绘制直线或折线。

可以使用如下 3 种方法确定直线或折线第二点坐标值。

①输入绝对坐标值，如直角坐标 100，100；极坐标 100＜45。

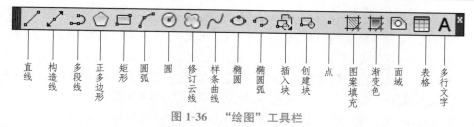

图 1-36　"绘图"工具栏

②输入相对坐标，如直角相对坐标@100，100；相对极坐标@100＜45。

③移动鼠标指示直线方向，输入直线长度值，如 100。

执行直线命令，一次可以画一段直线，也可以连续画多条首尾相连但彼此独立的线段。

2. 绘制圆（circle）

"圆" 按钮用于绘制整圆。单击"圆"按钮后，系统给出如下 6 种画圆的方法。

①三点（3P）：三点决定一圆。系统提示输入三点，创建通过三个点的圆 [图 1-37 (a)]。

②两点（2P）：用直径的两端点决定一圆。系统提示输入直径的两端点 [图 1-37 (b)]。

③"圆心、半径"：圆心配合半径决定一圆。系统提示给定圆心和半径 [图 1-37 (c)]。

④"圆心、直径"：圆心配合直径决定一圆。系统提示给定圆心和直径 [图 1-37 (d)]。

⑤"相切、相切、半径"：与两物相切配合半径决定一圆。系统提示选择两物体，并要求输入半径 [图 1-37 (e)]。

⑥"相切、相切、相切"：通过 3 个切点（与指定的 3 个对象相切）画圆。系统提示选择 3 个对象的切点 [图 1-37 (f)]。

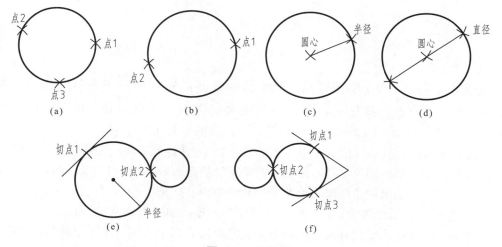

图 1-37　绘制圆

3. 绘制圆弧（arc）

"圆弧" 按钮用于绘制一段圆弧，系统提供了如下 10 种创建圆弧的方法。

①三点：通过输入三个点的方式绘制圆弧 [图 1-38 (a)]。

②"起点、圆心、端点"：以起始点、圆心、端点方式画弧 [图 1-38 (b)]。

③"起点、圆心、角度"：以起始点、圆心、圆心角方式绘制圆弧 [图 1-38 (c)]。

④ "起点、圆心、长度"：以起始点、圆心、弦长方式绘制圆弧 [图 1-38（d）]。

⑤ "起点、端点、角度"：以起始点、端点、圆心角方式绘制圆弧 [图 1-38（e）]。

⑥ "起点、端点、方向"：以起始点、端点、切线方向方式绘制圆弧 [图 1-38（f）]。

⑦ "起点、端点、半径"：以起始点、端点、半径方式绘制圆弧 [图 1-38（g）]。

⑧ "圆心、起点、端点"：以圆心、起始点、端点方式绘制圆弧。

⑨ "圆心、起点、角度"：以圆心、起始点、圆心角方式绘制圆弧。

⑩ "圆心、起点、长度"：以圆心、起始点、弦长方式绘制圆弧。

⑪ "继续"方式：以上一次绘制的圆弧或直线为起点画圆弧，同时使新的圆弧与上一次绘制的圆弧或直线相切 [图 1-38（h）]。

缺省状态下，AutoCAD 以逆时针方向绘制圆弧。

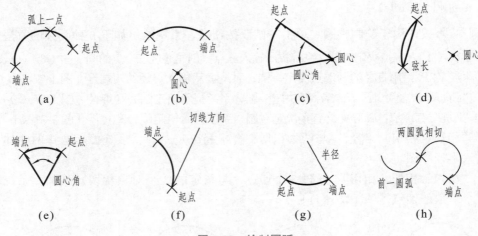

图 1-38　绘制圆弧

4. 绘制矩形（rectang）

"矩形" ▱ 按钮用于绘制矩形。用本命令绘制的矩形平行于当前的用户坐标系（UCS）。单击"矩形"按钮后，命令行给出"指定第一个角点或 [倒角（C）/标高（E）/圆角（F）/厚度（T）/宽度（W）]"，各选项的意义如下。

①指定第一个角点：继续提示，确定矩形另一个角点来绘制矩形，如图 1-39（a）所示。

②圆角（F）：给出圆角半径，绘制有圆角半径的矩形，如图 1-39（b）所示。

③倒角（C）：给出倒角距离，绘制带倒角的矩形，如图 1-39（c）所示。

④宽度（W）：给出线的宽度，绘制有线宽的矩形，如图 1-39（d）所示。

⑤标高（E）：给出线的标高，绘制有标高的矩形，用于指定三维矩形的基面高度。

⑥厚度（T）：给出线的厚度，绘制有厚度的矩形，用于指定三维矩形的厚度。

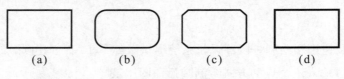

图 1-39　绘制矩形

5. 绘制正多边形（polygon）

"正多边形" ⬡ 按钮用于绘制 3～1 024 边的正多边形。正多边形有如下 3 种创建方法：

①设定圆心和外接圆半径（I），如图 1-40（a）所示。

②设定圆心和内切圆半径（C），如图 1-40（b）所示。

③设定正多边形的边长（E）和一条边的两个端点，如图 1-40（c）、图 1-40（d）所示。

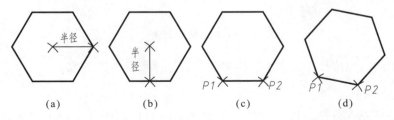

(a) (b) (c) (d)

图 1-40 绘制正多边形

1.3.2 图形的编辑

一幅工程图不可能仅利用绘图命令完成，通常会由于作图需要或误操作产生多余的线条，因此需要对图线进行修改。AutoCAD 将各种图形编辑修改命令的工具按钮集中在"修改"工具条上，如图 1-41 所示。

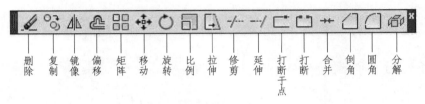

删除　复制　镜像　偏移　矩阵　移动　旋转　比例　拉伸　修剪　延伸　打断于点　打断　合并　倒角　圆角　分解

图 1-41 "修改"工具条

1. 删除（erase）

删除选中的对象。单击"删除" ✎ 按钮，AutoCAD 提示选择对象，拾取所有需要删除的对象，再单击鼠标右键则将对象从绘图区清除。

2. 偏移（offset）

用于将选中的一个对象按指定的偏移量或通过指定点生成一个与原对象相同或类似的新实体。单击"偏移" ⬰ 按钮，根据系统提示可选择绘制按指定的偏移量或通过指定点生成实体。

3. 修剪（trim）

用于将指定实体以某些对象作为边界，将需要去除的部分剪掉。单击"修剪"按钮 ⊬ 后，按照系统提示，先选择修剪边界再选择修剪对象（如图 1-42 所示），然后单击鼠标右键完成修剪。

4. 延伸（extent）

通过缩短或拉长，使对象与其他对象的边相接。单击"延伸"按钮 ⊸，其操作与修

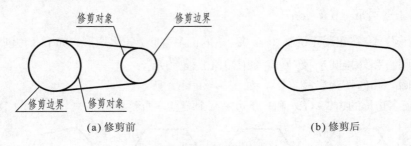

(a) 修剪前 (b) 修剪后

图 1-42 修剪示例

剪命令基本相同，先选择作为边界边的对象，再选择要延伸的对象。

5. 倒角（chamfer）

用于两条相交直线及多段线的各直线交点处同时进行倒角。单击"倒角" 按钮，根据系统提示进行如下操作。

①选择第一条直线：直接选择两条相交直线进行倒角。

②多段线（P）：选择多段线进行倒角。

③距离（D）：依次设置两条直线的倒角距离，并根据设置的距离进行倒角，如图 1-43（a）所示。

④角度（A）：根据设置第一条直线的倒角长度和角度进行倒角，如图 1-43（b）所示。

⑤修剪（T）：选择"修剪（T）"或"不修剪（N）"作为当前的控制模式，如图1-43所示。

⑥多个（U）：可给多处倒角。

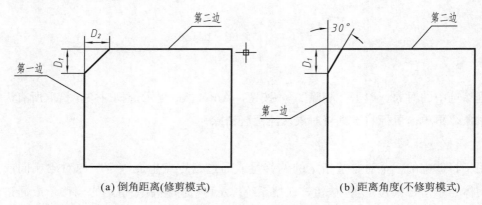

(a) 倒角距离(修剪模式) (b) 距离角度(不修剪模式)

图 1-43 倒角示例

6. 圆角（fillet）

用指定半径的圆弧来光滑连接直线、圆弧、圆等对象，也可以对两条线或多段线倒圆角。圆角命令的操作与倒角命令基本相同。

7. 移动（move）

用于将图形对象移动到指定位置。"移动"与"实时平移"命令不同，假设屏幕是一张图纸，"实时平移"命令只是将图纸进行平移，而图形对象相对图纸固定不动；"移动"

命令改变图形对象在图纸上的位置，图纸固定不动。

8．旋转（rotate）

将图形对象围绕某一基准点作旋转。单击"旋转" ⟳ 按钮，系统提示"UCS 当前的正角方向：ANGDIR＝逆时针 ANGBASE＝0"，用户选择要旋转的对象和旋转基点，并输入旋转角度即可。

9．复制（cope）

复制绘图区的图形。单击"复制对象" 🔗 按钮，按提示完成对象选择、基点和位移的指定，即在指定位置上实现对图形对象的复制。

10．镜像（mirror）

生成与源图形对称的目标图形。单击"镜像" ◫ 按钮，按提示完成对象选择和镜像线上两点的确定，即生成镜像图像。本命令的关键是确定对称直线，一定需要确定直线上的两点，如图 1-44 所示。

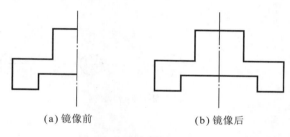

(a) 镜像前　　　　　　(b) 镜像后

图 1-44　镜像示例

11．比例（scale）

将图形对象按一定比例放大或缩小。单击"缩放" ▫ 按钮，选取要缩放的对象，并指定缩放基准点。

12．分解（explode）

将块与尺寸标注等分解成单个图素，也可将多段线分解为单个直线或弧。每一次只能分解一层，对于具有嵌套的复杂体，可多次执行"分解" ▨ 命令。多段线分解后将失去宽度信息。

13．阵列（array）

将选中的图元按矩形或环形的排列方式多重复制。单击"阵列" ▦ 按钮，系统弹出"阵列"对话框，如图 1-45 所示。AutoCAD 提供了矩形阵列和环形阵列两种方式。

（1）矩形阵列

选择"矩形阵列"选项，单击"选择对象" ▣ 按钮，在"行"和"列"框中，输入阵列中的行数和列数；在"行偏移"和"列偏移"框中，输入行间距和列间距。添加加号（＋）或减号（－）确定方向；要修改阵列的旋转角度，请在"阵列角度"旁边输入新角度，单击"确定"按钮创建阵列，如图 1-46 所示。

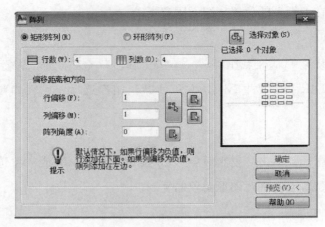

图 1-45　"阵列"对话框

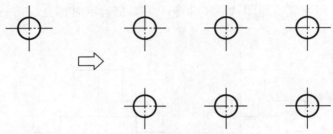

图 1-46　矩形阵列示例

（2）环形阵列

环形阵列的操作步骤同矩形阵列，选择"环形阵列"选项，输入环形阵列中点的坐标值，或者单击"拾取中心点"按钮，用鼠标在绘图区指定中心点，输入阵列总数和填充角度，单击"确定"按钮创建阵列，如图 1-47 所示。

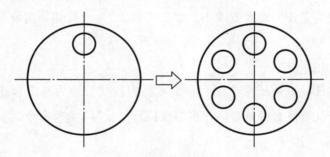

图 1-47　环形阵列示例

1.4　计算机抄画平面图形

本节重点

（1）熟练掌握直线、圆周、矩形、多边形等绘图方法。

（2）灵活应用移动、镜像、阵列、拉伸等编辑命令。

（3）掌握平面图形尺寸的分析方法。

1.4.1 基本要求（见表 1-16）

表 1-16　工业产品类 CAD 类 CAD 技能一级考评表

考评内容	技能要求	相关知识
二维绘图环境设置	新建绘图文件及绘制环境设置	• 制图国家标准的基本规定（图纸幅面和格式、比例、图线、字体、尺寸标注样式）； • 绘图软件的基本概念和基本操作（坐标系与绘图单位，绘图环境设置，命令与数据的输入）
二维图形绘制与编辑	平面图形绘制与编辑技能	• 绘图命令； • 图形编辑命令； • 图形元素拾取； • 图形显示控制命令； • 辅助绘图工具、图层、图块； • 图案填充
图形文字和尺寸标注	图形文字和尺寸标注技能	• 国家标准对文字和尺寸标注的基本规定； • 绘图软件文字和尺寸标注功能及命令（样式设置、标注、编辑）

1.4.2 平面图形的绘制与标注

1. 二维绘图环境的设置

 课内实训

绘图环境设置

◇ **目的要求：**
- 掌握 AutoCAD 绘图环境设置，绘制符合国家标准的工程图样。
- 学会图幅的设置、字体的设置、图线的设置，以及标题栏的绘制。

◇ **实训要求：**
专业机房，5 人一小组，每组完成 A0～A4 五种不同规格的图纸样板图。

◇ **实训内容**（以 A3 样板图为例）：
- 设置 A3 图幅，用粗实线绘制图框（400 mm×277 mm）；在图框的右下角绘制标题栏，填写标题栏（字高 7 mm）。
- 分层绘图。对图层、颜色、线型进行设置。
- 样式设置。设置图中的文字及标注样式。
- 保存样板图文件。

2. 简单平面图形的绘制

【例题 1-5】按照 1∶1 的比例绘制图 1-48 所示的平面图形（不注尺寸），将所绘图形存盘。

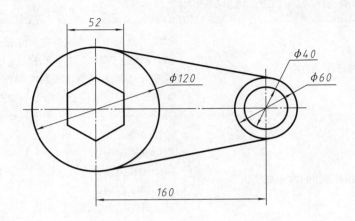

图 1-48　简单平面图形

【作法】根据图形的总体尺寸，选择适当的样板图，按表 1-17 所示步骤绘制图形。

表 1-17　简单平面图形绘图步骤　（单位：mm）

步　骤	图　层	绘图命令	绘图效果	备　注
第一步 画基准线	细点 画线层	命令行：line 工具栏：绘图→按钮 下拉菜单：绘图→ 直线		状态栏开启**正交** 模式
第二步 画圆	粗实线层	命令行：circle 工具栏：绘图→按钮 下拉菜单：绘图→ 圆→圆心、半径		输入圆的直径 分别为 40、60、 120
第三步 画正六边形		命令行：polygon 工具栏：绘图→按钮 下拉菜单：绘图→ 正多边形		输入边数为 6， 内切圆半径 26

步　骤	图　层	绘图命令	绘图效果	备　注
第四步 画外公切线	粗实线层	命令行：line 工具栏：绘图→ 按钮；对象捕捉→ 按钮 下拉菜单：绘图→ 直线	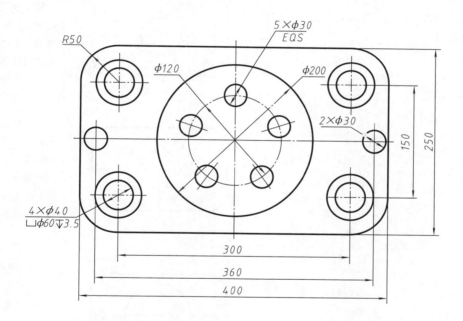	点击"直线" 按钮后，再点击 对象捕捉工具栏 中的"捕捉到切 点"按钮，在绘 图区捕捉圆的四 个切点

【例题 1-6】 按照 1∶1 的比例绘制图 1-49 所示的具有均布分布结构的平面图形，不注尺寸。将所绘图形存盘。

图 1-49　具有均布分布结构的平面图形

【作法】 见表 1-18。

根据尺寸的作用，图 1-49 中的尺寸可分为两类：

（1）定形尺寸

确定平面图形形状的尺寸，称为定形尺寸。

（2）定位尺寸

确定平面图形中各组成部分间相对位置的尺寸，称为定位尺寸。

表 1-18　有均匀分布结构的平面图形绘图步骤　　　　　　单位：mm

步骤	图层	绘图命令	绘图效果	备　注
第一步 画基准线	点画线层	命令行：line 工具栏：绘图→✐ 按钮 下拉菜单：绘图→直线		状态栏开启正交模式▱。
第二步 画基准圆	点画线层	命令行：circle 工具栏：绘图→⊘ 按钮 下拉菜单：绘图→圆→圆心、半径		输入圆直径为120
第三步 画带圆角的矩形		命令行：rectang 工具栏：绘图→▭ 按钮 下拉菜单：绘图→矩形		指定矩形的圆角半径为 R50、长度尺寸 400、宽度尺寸为 250
第四步 画圆	粗实线层	命令行：circle 工具栏：绘图→⊘ 按钮；对象捕捉→✕ 按钮 下拉菜单：绘图→圆		点击"圆"后，再点击对象捕捉工具栏中的"捕捉到交点"按钮，捕捉 φ200 及 φ30 圆的圆心
第四步 环形阵列 φ30 圆		命令行：array 工具栏：修改→▦ 按钮 下拉菜单：修改→阵列		在"阵列"话框中选择"环形阵列"；在绘图区拾取阵列中心点及阵列对象 φ30 及其中心线
第五步 镜像 φ40 孔		命令行：mirror 工具栏：修改→◭ 按钮 下拉菜单：修改→镜像		在绘图区选择镜像对象，指定镜像轴线

步骤	图层	绘图命令	绘图效果	备　注
第六步 画同心圆	点画线层 粗实线层	命令行：circle、line 工具栏：绘图→⊘ 按钮；绘图→✎ 按钮 下拉菜单：绘图→圆；绘图→直线		状态栏开启对象捕捉▣模式。捕捉 $R50$ 的圆心作为同心圆的圆心
第七步 矩形阵列 同心圆		命令行：array 工具栏：修改→▦ 按钮 下拉菜单：修改→阵列		在"阵列"话框中选择"矩形阵列"，输入行、列数为"2"，行、列偏移为"150"和"300"；在绘图区拾取阵列对象

课堂活动

平面图形的尺寸分析

◇ **材料工具**（3 人一组）：

易拉罐（2～3 个）、剪刀、橡皮泥。

◇ **活动要求**：

- 分析图 1-50 中给出的图形。
- 制作模具，按 1：2 的比例制作模型，如图 1-50 所示。
- 从模型的加工方法，体会平面图形的定形尺寸和定位尺寸的作用。

◇ **讨论**：

概括定形尺寸和定位尺寸的作用。

图 1-50　模型

3. 工业产品类 CAD 技能一级模拟题的绘制

绘制平面图形时，直线的作图比较简单，故只分析圆弧的性质。画圆和圆弧，需知道半径和圆心位置，根据图中所给定的尺寸，圆弧可分为三类：

（1）已知圆弧

半径和圆心位置均为已知的圆弧，称为已知圆弧。

（2）中间圆弧

已知半径和圆心的一个定位尺寸，这种圆弧称为中间圆弧。它需待与其一端连接的线段画出后，才能通过作图确定其圆心位置。

（3）连接圆弧

只具有半径尺寸，而无圆心的定位尺寸，这种圆弧称为连接圆弧。它需待与其两端相连接的线段画出后，通过作图才能确定其圆心位置。

 课堂活动

平面图形的线段分析

◇ **材料工具**（2人一组）：

彩色铅笔若干。

◇ **活动要求**：

- 各组利用颜色不同的彩色笔，描出定性尺寸和定位尺寸。
- 阅读并体会已知圆弧、中间圆弧和连接圆弧的定义。
- 分别利用不同的彩色笔描出已知圆弧、中间圆弧和连接圆弧。
- 分析已知圆弧、中间圆弧和连接圆弧的绘图顺序。

◇ **讨论**：

平面图形的合理绘制顺序是怎样的？

【**例题 1-7**】按照 1：1 的比例绘制图 1-51 所示的平面图形，并注尺寸。

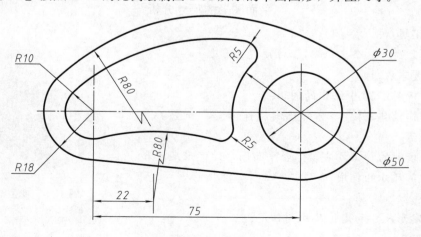

图 1-51　平面图形

【**作法**】见表 1-19。

表 1-19　工业产品类 CAD 技能一级模拟题——平面图形的绘制步骤　　　单位：mm

步骤	图层	绘图命令	绘图效果	备注
第一步 画基准线	点画线层	命令行：line 工具栏：绘图→ 按钮 下拉菜单：绘图→直线		状态栏开启正交 模式
第二步 画已知圆弧		命令行：circle 工具栏：绘图→ 按钮 下拉菜单：绘图→圆→圆心、半径		输入圆直径为20、36、30 及 50
第三步 画连接圆弧 R80		命令行：circle 工具栏：绘图→ 按钮；对象捕捉→ 按钮 下拉菜单：绘图→圆→相切、相切、半径		选择圆命令中"相切、相切、半径"选项，在绘图区中捕捉切点位置并输入半径 80
第四步 修剪多余 图线	粗实线层	命令行：trim 工具栏：修改→ 按钮 下拉菜单：修改→修剪		在绘图区内选择全部对象后回车，再选择要修剪的图线
第五步 偏移 R80 圆弧		命令行：offset 工具栏：修改→ 按钮 下拉菜单：修改→偏移		指定偏移距离为 8，在绘图区中选择偏移对象及偏移方向
第六步 画连接圆弧 R5		命令行：fillet 工具栏：修改→ 按钮 下拉菜单：修改→圆角		指定圆角半径为 5，在绘图区选择偏移生成的圆弧及 φ50 的圆

步骤	图层	绘图命令	绘图效果	备注
第七步 画圆外公 切线		命令行：line 工具栏：绘图→📐 按钮；对象捕捉→ ⭕ 按钮 下拉菜单：绘图→ 直线		点击"直线" 按钮后，再点击 对象捕捉工具栏 中的"捕捉到切 点"按钮，在绘 图区捕捉圆的两 个切点
第八步 求作中间 圆弧 $R80$ 的 圆心位置	点画线层	命令行：offset、circle 工具栏：修改→🖫 按钮；绘图 →🕐 按钮 下拉菜单：修改→ 偏移；绘图→圆		点画圆是以 $R10$ 圆的圆心为 圆心，90（$R10$ $+R80＝R90$）为 半径，它与偏移 直线的交点为所 求圆心
第九步 画中间圆弧 $R80$	粗实线层	命令行：circle 工具栏：绘图→🕐 按钮 下拉菜单：绘图 →圆		以所求圆心为 圆心，80 为半 径画圆
第十步 画 $R5$ 连接圆弧 修剪多余 图线				在绘图区内选 择全部对象后回 车，再选择要修 剪的图线

续表

步骤	图层	绘图命令	绘图效果	备注
第十一步 线性尺寸标注	尺寸层	命令行：dimlinear 工具栏：标注→按钮 下拉菜单：标注→线性	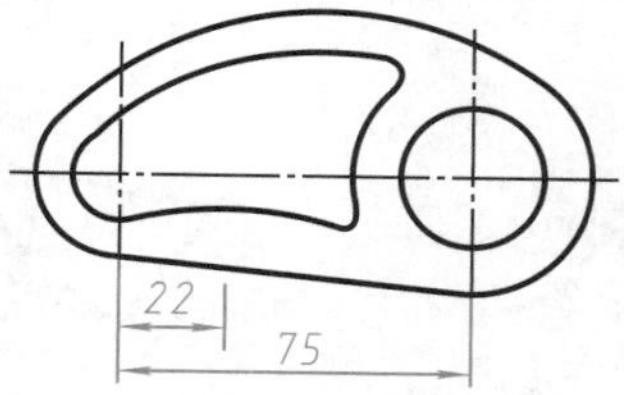	在绘图区内拾取作为尺寸界线的对象，并拖动尺寸线至适当的位置
第十二步 半径标注		命令行：dimradius 工具栏：标注→按钮 下拉菜单：标注→半径	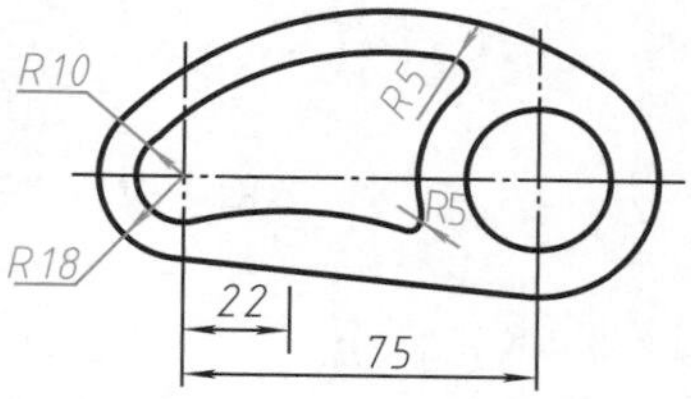	在绘图区内拾取要标注半径的圆弧，拖动尺寸线至适当的位置
第十三步 折弯标注		命令行：dimjogged 工具栏：标注→按钮 下拉菜单：标注→折弯	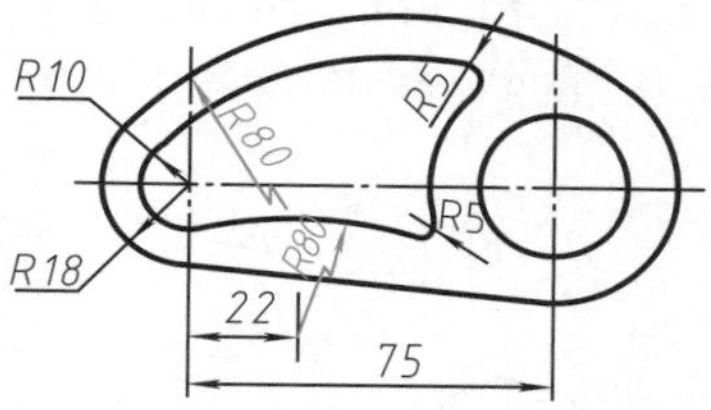	在绘图区内拾取要标注半径的圆弧并指定圆心位置，拖动尺寸线至适当的位置，指定折弯位置
第十四步 直径标注		命令行：dimdiameter 工具栏：标注→按钮 下拉菜单：标注→直径	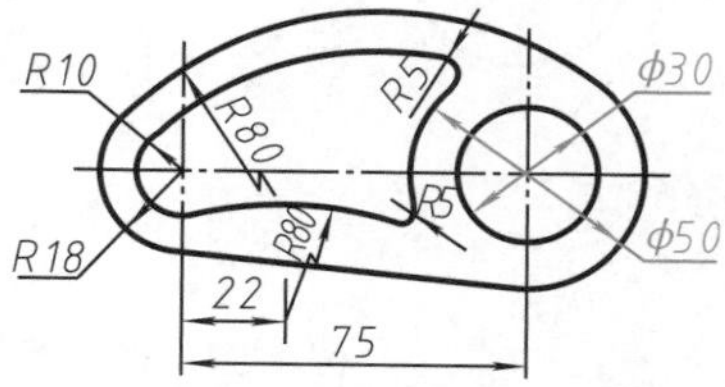	在绘图区内拾取要标注直径的圆，拖动尺寸线至适当的位置

*1.5　徒手绘图及草图的绘制

本节重点

（1）了解徒手绘图的一般技法。

（2）了解徒手绘图的目测方法。

徒手绘图就是不用或只用简单的绘图工具，以较快的速度，徒手目测画出图形。徒手绘图是一项重要的基本功，在实际工作中，经常会遇到徒手绘图的情况。

1.5.1　徒手绘图的技法

1. 徒手绘制直线

徒手画直线的要领：笔杆略向画线方向倾斜，执笔的手腕或小指轻靠纸面，眼睛略看直线终点以控制画线方向。画短线转动手腕即可，画长线可移动手臂画出。画垂直线和倾斜线时，也可以把图纸转动到画水平线的位置，按画水平线的画法画出，如图 1-52 所示。

(a) 画水平线　　　　　　　(b) 画垂直线　　　　　　　(c) 画斜线

图 1-52　徒手画直线

2. 徒手绘制圆及圆弧

徒手绘制圆的方法：画圆时应先定圆心位置，过圆心画出中心线，再根据半径大小用目侧方法在中心线上定出 4 点，然后过这 4 个点画圆，如图所示。当圆的直径较大时，可过圆心再画 2 条 45°的斜线，在斜线上再定 4 个点，然后过这 8 个点画圆，如图 1-53 所示。

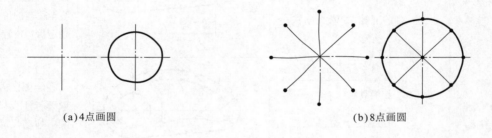

(a) 4 点画圆　　　　　　　　　　　　(b) 8 点画圆

图 1-53　徒手绘制圆的方法

徒手绘制圆弧的方法：先用目测方法在分角线上选取圆心位置，过圆心向两边引垂直线定出圆弧的起点和终点，并在分角线上也定出一个圆周点，然后过这 3 点画圆弧，如图 1-54 所示。

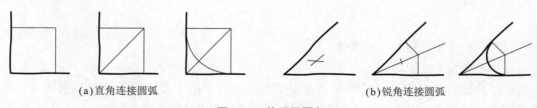

(a) 直角连接圆弧　　　　　　　　　　(b) 锐角连接圆弧

图 1-54　徒手画圆角

1.5.2　目测比例绘制草图

绘制中、小型物体时，可以用铅笔直接放在实物上测定各部分的大小，然后按测定的大小画图，如图 1-55 所示。

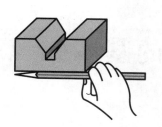

图 1-55　中、小型物体的测定方法

　　绘制较大的物体时，可以按如图 1-56 所示的方法，用手握住一支铅笔进行目测，目测时人的位置应保持不动，握铅笔的手臂要伸直。人和物体的距离应根据所需图形的大小确定。

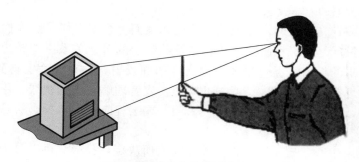

图 1-56　较大物体的测定方法

第2章　投影的基本知识

2.1　投影法的概念

本节重点

（1）了解投影的概念及分类；

（2）掌握正投影的基本性质。

物体被灯光或日光照射时，在地面、墙面或桌面上会留下影子。人们在这一自然现象的启示下，经过反复观察和研究，从物体及其影子的对应关系中总结出了投影理论方法，即从光源发出的投射线通过物体再向选定的面投射，并在该面上得到图形的方法，称为投影法，这里提到的投射线是假想的光线，或者理解为人的视线。用投影法所得到的图样成为投影，投影所在的平面称为投影面。在工程应用上，投影法是绘制工程图样的基础。

投影法由投射中心、投射线和投影面三要素所决定，投影法可以分为中心投影法和平行投影法两大类。

2.1.1　中心投影法

如图 2-1 所示：将空间形体 $ABCD$ 放置在投射中心 S 和投影面 P 之间。从点光源发出的经过空间形体 $ABCD$ 上点 A 的光线（投射线）与 P 平面相交于点 a，则点 a 便是点 A 在 P 平面上的投影。用同样的方法，可在 P 平面上得出点 B、C、D 的投影 b、c、d。依次连接 a、b、c、d，即可得到空间形体 $ABCD$ 在 P 平面上的投影□$abcd$。这种所有的投射线都由投射中心出发的投影方法称为中心投影法。

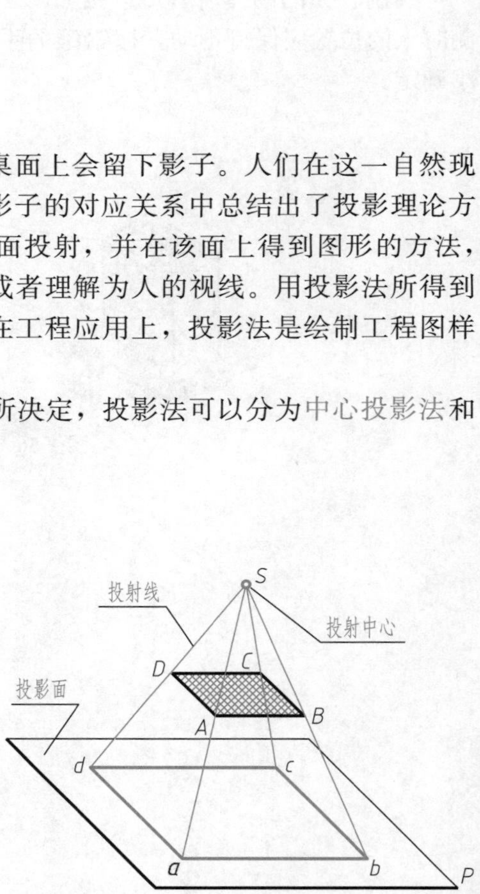

不难看出，投影□$abcd$ 的大小会随投影中

图 2-1　中心投影法

心 S 或 $ABCD$ 与 P 平面的远近而变化。可见中心投影法得到的投影一般不反映形体的真实大小，所以，没有度量性。

2.1.2　平行投影法

所有的投射线都相互平行的投影方法称为平行投影法，如图 2-2 所示。在平行投影法中，由于投射线相互平行，若平行移动形体使形体与投影面的距离发生变化，形体的投影形状和大小均不会改变，因此，具有度量性。

若投射线相互平行且与投影面倾斜的投影法，则称为平行斜投影法［图 2-2（a）］。

若投射线相互平行且与投影面垂直的投影法，则称为平行正投影法［图 2-2（b）］。

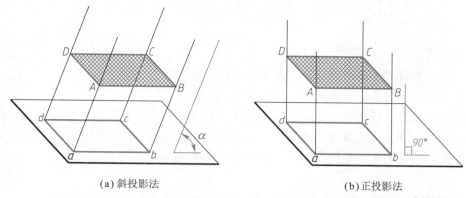

(a) 斜投影法　　　　　　　　　　　(b) 正投影法

图 2-2　平行投影法

2.1.3　工程上常用的投影图

在工程应用中，通常会根据需要采用不同的投影图，表 2-1 列出了工程上常用的四种投影图，以及其特点和应用场合。

表 2-1　工程上常用的投影图

类别		图　例	特点和应用行业
中心投影法	透视图	物体　画面　S	特点：逼真感、直观性强，但作图复杂且度量性差。 应用行业：工艺美术及宣传广告、土建工程及大型设备的辅助图样
平行投影法	正投影图		特点：能准确反应物体的结构和形状，作图方便且度量性好，但直观性较差。 应用行业：机械制造、土木工程、建筑
	轴测投影图		特点：立体感强，但度量性差，作图复杂。 应用行业：工程图样中的辅助图样
	标高投影图	80 60 50 40　水平面	特点：在投影面上可标出不同高度的形状，但立体感差。 应用行业：地图绘制，不规则的曲面形体绘制

2.2　三视图形成及其投影规律

本节重点

（1）初步掌握三视图的形成和三视图之间的对应规律；

（2）掌握简单形体三视图的作图方法。

将物体向投影面投影所得到的图形成为视图。在正投影中如果不加任何注解，只用一个视图，是不能完整清晰地表达和确定形体的形状和结构的。如图 2-3 所示，三个形体在同一个方向的投影完全相同，但三个形体的空间结构却不相同。

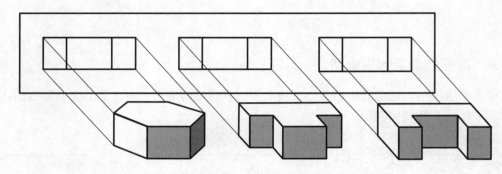

图 2-3　有相同投影不同空间结构的形体

可见只用一个方向的投影来表达形体形状是不行的。一般必须将形体向几个方向投影，才能完整清晰地表达出形体的形状和结构。

2.2.1　三视图形成

在工程中用正投影法表示立体时，经常使用三视图，如图 2-4 所示。

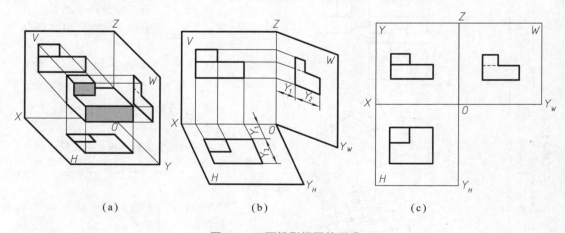

（a）	（b）	（c）

图 2-4　三面投影视图的形成

课堂活动

三视图的形成

◇ **材料工具：**

橡皮泥、剪刀及利用纸盒制作的三投影面模型。

◇ **活动要求：**

* 用橡皮泥制作立体模型。假想从图 2-5 中所示的三个方向将立体模型推压成平面，并在三个投影面上绘出压平图，将投影面展开成平面（表 2-2）。

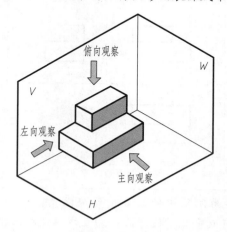

图 2-5　观察立体模型的三个方向

表 2-2　假想立体模型从三个方向压成平面图

观察方向	压 平 图
主向观察	主向压平图
俯向观察	俯向压平图

55

续表

观察方向	压平图

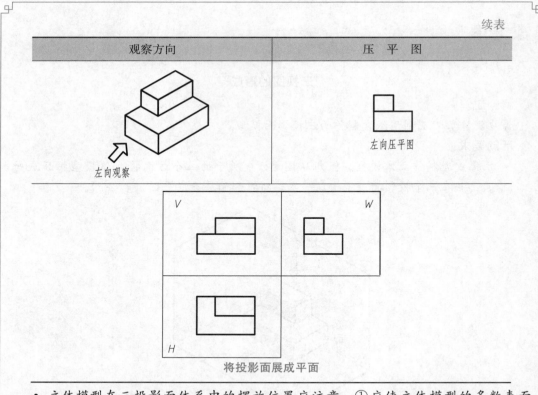

左向观察

左向压平图

将投影面展成平面

- 立体模型在三投影面体系中的摆放位置应注意：①应使立体模型的多数表面（或主要表面）平行或垂直于投影面；②立体模型在三投影面体系中的位置一经选定不能移动或变更。
- 完成任务后，与所给的三视图进行比较。

◇ 讨论：
三视图形成的规律。

2.2.2 三视图投影规律

1. 三视图的位置关系

从三视图形成的过程可以看出，俯视图在主视图的正下方，左视图在主视图的正右方，如图 2-6 所示。

2. 三视图与物体间的方位关系

任何物体在空间都具有上、下、左、右、前、后6 个方位，物体在空间的 6 个方位和三视图所反映物体的方位如图 2-7 所示。

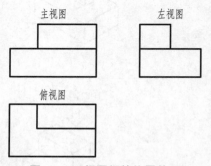

主视图   左视图

俯视图

图 2-6　三视图间的位置关系

主视图——反映了物体的上、下和左、右方位关系；
俯视图——反映了物体的左、右和前、后方位关系；
左视图——反映了物体的上、下和前、后位置关系。

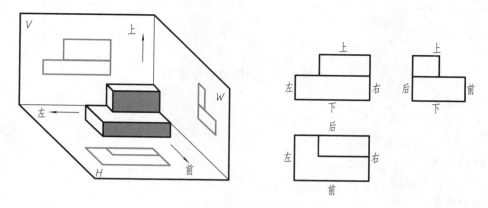

图 2-7　三视图与物体间的方位关系

3. 三视图的投影规律

物体有长宽高三个方向的尺寸。通常规定：物体的左右方向的距离为长，前后方向的距离为宽，上下的距离为高，如图 2-8 所示。

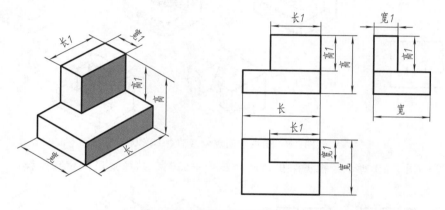

图 2-8　三视图的投影对应关系

主视图——反映了物体上下方向的高度尺寸和左右方向的长度尺寸。

俯视图——反映了物体左右方向的长度尺寸和前后方向的宽度尺寸。

左视图——反映了物体上下方向的高度尺寸和前后方向的宽度尺寸。

根据每个视图所反映的物体的尺寸情况及投影关系，归纳成以下规律：

主、俯视图中相应投影（整体或局部）的长度相等，并且对正；

主、左视图中相应投影（整体或局部）的高度相等，并且平齐；

俯、左视图中相应投影（整体或局部）的宽度相等。

"长对正，高平齐，宽相等"的投影规律是画图和读图的重要依据，需要牢固掌握。

2.2.3　根据立体两个视图绘制第三视图

对于一般较简单的物体，知道了其中的任何两个视图，按照三视图的投影规律，即可画出第三视图。

课堂活动

由给出的视图构建立体模型

◇ **目的要求：**
- 熟悉三视图与物体之间的对应规律。
- 培养空间思维能力。

◇ **材料工具：**
橡皮泥、裁纸刀。

◇ **活动要求：**
- 教师布置任务：

①如图2-9所示，根据给出的单向压平平面图，用橡皮泥构建多种立体模型。

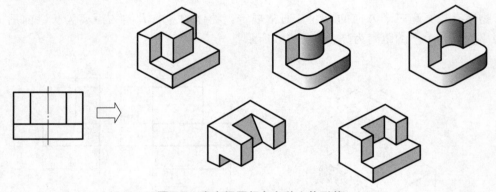

图2-9 由主视图想象多种立体形状

②如图2-10所示，根据给出的两向压平平面图，用橡皮泥构建立体模型。

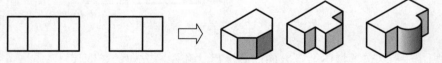

图2-10 由主视图及左视图想象多种立体形状

③如图2-11所示，根据给出的三向压平平面图，用橡皮泥构建立体模型。

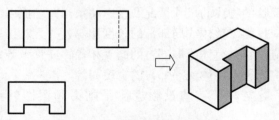

图2-11 由三视图想象立体形状

- 完成任务后各小组进行评比，完成模型多且正确率高的小组获胜。
- 分享由平面视图形成立体模型的规律。

【例题 2-1】 在图 2-12 中，已知物体的主、俯视图，要求绘出其左视图。

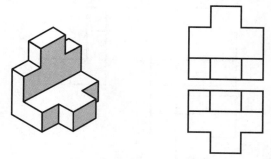

图 2-12　已知物体的主、俯视图

【作法】 投影分析，构建立体模型。通过分析主、俯视图可知，该物体是由一块底板和一块竖板组成的，根据底板和竖板最具有其特征的视图——俯视图和主视图，想象出物体的空间形状（图 2-13）。

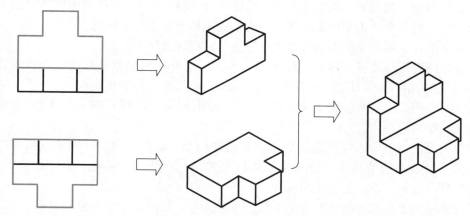

图 2-13　由给出的主、俯视图想象空间形状

具体作图步骤如下：

①按照"高平齐、宽相等"的投影规律，先绘制底板的左视图（图 2-14），再绘制竖板的左视图（图 2-15）。

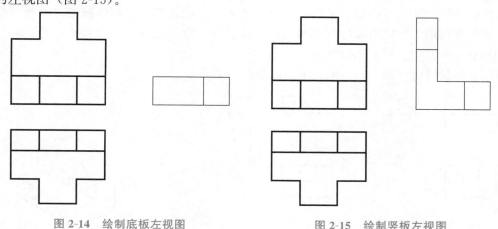

图 2-14　绘制底板左视图　　　　图 2-15　绘制竖板左视图

②检查无误后，擦去多余线，加深视图的的轮廓线（图 2-16）。

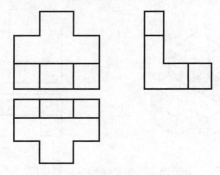

图 2-16　检查加深轮廓线

2.2.4　根据教学模型绘制三视图

绘制物体的三视图时，需要根据前面所学的正投影原理、三视图间的各种关系，以及投影规律，将理性认识变成图示能力，直接在图纸上画出各个视图。

初学者最好根据教学模型来练习画三视图，并应注意以下几点：

①应把模型位置放正，同时选定主视图方向。最好将模型上能反映其形状特征的一面选为画主视图的方向，同时尽可能考虑其余两视图简明好画、虚线少。

②开始作图前，应先定出各视图的位置，画出作图基准线，如中心线或某些边线，各视图间的距离应适当。

③作图的线型应按国标规定。底稿应画得轻而细，以便修改，作图完成后再描粗加深。如果不同的图线恰巧重合在一起，应以粗实线、虚线、细实线、点画线的次序画。例如粗实线与虚线重合，应画出粗实线。

④分析模型上各部分物体的几何形状和位置关系，画出各组成部分的投影。

画图时要注意：着眼点应该为物体的各个表面，而不是看见一个点画一个点，看到一条线画一条线。

⑤要注意作图次序，每个视图一般可以先画四周轮廓线，不是逐个视图单独画成，而是要将几个视图配合起来画。

作图所需尺寸可在模型上量取，每个尺寸测量一次就够了。相邻视图之间相应投影的尺寸关系可用丁字尺来保持高相等，用三角板与丁字尺配合起来保持长相等，而保持宽相等有两种方法，如图 2-17 所示。

绘制教学模型（图 2-18）的三视图，绘制步骤见表 2-3。

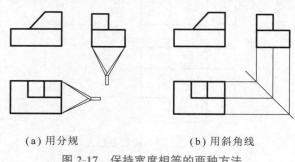

（a）用分规　　　　　　　　（b）用斜角线

图 2-17　保持宽度相等的两种方法

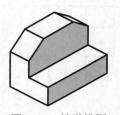

图 2-18　教学模型

表 2-3　三视图绘制步骤

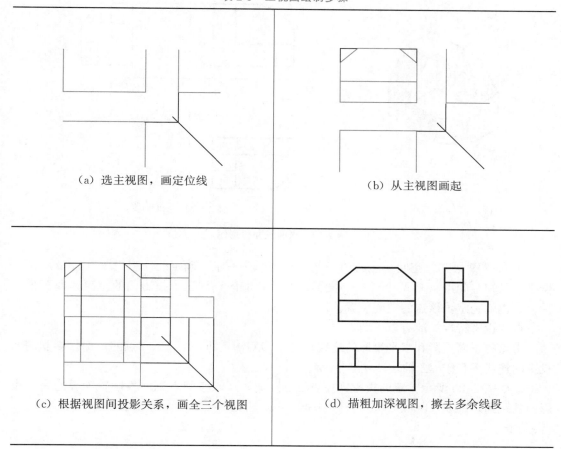

（a）选主视图，画定位线	（b）从主视图画起
（c）根据视图间投影关系，画全三个视图	（d）描粗加深视图，擦去多余线段

2.3　点、直线和平面的投影规律

本节重点

（1）掌握点的三面投影和规律，理解点的投影和该点与直角坐标的关系；

（2）熟悉直线和平面的三面投影，掌握特殊位置直线和平面的投影特性。

2.3.1　点的三面投影图及投影规律

物体的投影图由其上几何元素的投影组成，因此，物体上的点、线和面等几何元素的投影规律是绘制物体投影图的基础。

1. 点的三面投影图

为了标记空间点及其投影，规定空间点用大写拉丁字母表示，如 A，B，C 等；水平投影用相应的小写拉丁字母表示，如 a，b，c 等；正面投影用相应的小写拉丁字母加撇表示，如 a'、b'、c'；侧面投影用相应的小写字母加两撇表示，如 a''、b''、c'' 等。图 2-19（a）所示的 A 点是物体的一个顶点，图 2-19（b）所示为物体的三视图及其上 A 点的三面投影。

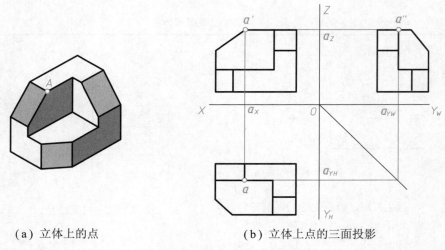

（a）立体上的点   （b）立体上点的三面投影

图 2-19　点的三面投影图

由图 2-19 可知，空间一点 A 在三投影面体系中有唯一确定的一组投影（a、a′、a″）；反之，已知空间点 A 的两个或三个投影，便可知道该点到三个投影面的距离，即三个坐标值，也就确定了该点的空间位置。

点的投影特性一般有以下两点：

①点的正面投影和水平投影的连线垂直于 OX 轴，即 $aa'\perp OX$；点的正面投影和侧面投影的连线垂直于 OZ 轴，即 $a'a''\perp OZ$。

②如图 2-20 所示，点的投影到投影轴的距离，反映空间点到以投影轴为界的另一投影面的距离，即 $a'a_Z = Aa'' = aa_{YH} = x$ 坐标；$aa_X = Aa' = a''a_Z = y$ 坐标；$a'a_X = Aa = a''a_{Yw} = z$ 坐标。

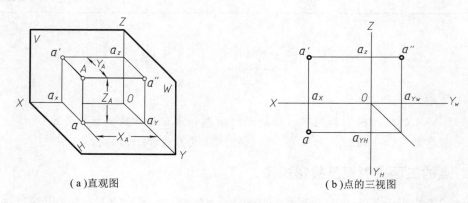

（a）直观图   （b）点的三视图

图 2-20　点的三面投影规律

【例题 2-2】作空间点 A 到三个投影面 W、V、H 的距离分别为 18、10、14 的三面投影图，并根据点 A 的三面投影图（图 2-21），绘制其空间位置直观图。

【作法】

①先画出投影轴，并在 OX 轴上自原点 O 向左量取 18 定出点 a_X ［图 2-21（a）］；

②过点 a_X 作 OX 轴的垂线，自 a_X 沿 OY_H 轴方向量取 10 定出水平投影 a；沿 OZ 轴方向量取 14 定出正面投影 a′，这样就完成了点 A 的两面投影 ［图 2-21（b）］；

③若已知一点的两个投影，可根据点的投影规律作出其第三个投影，确定其侧面投影 a''，作法如图 2-21（c）所示。

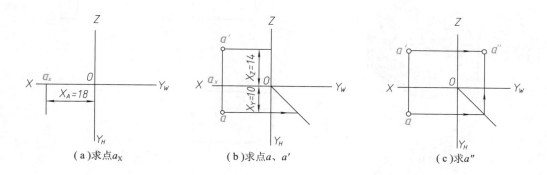

图 2-21　作 A 点的三面投影图

④画出投影轴的直观图，本题仅画两个投影面。将 OX 轴化成水平位置，OZ 轴与 OX 轴垂直，OY 轴与 OX 轴成 45°，投影面的边框与相应投影轴平行，如图 2-22 所示。

⑤在 OX 轴上截取 $Oa_x = x_A = 18$；因 OY 的平行线，使 $aa_x = Y_A = 10$；再由 a 引 OZ 轴的平行线，向上截取 $aA = z_A = 14$，如图 2-23 所示。

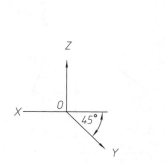

图 2-22　投影轴的直观图

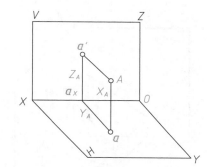

图 2-23　点的空间位置直观图

2. 重影点的概念

当空间两点到两个投影面的距离都分别对应相等时（即有两对同名坐标值对应相等），该两点处于同一投射线上，在该投射线所垂直的投影面上的投影重合在一起，这两点称为对该投影面的重影点。

如图 2-24（a）所示，因为 A、B 两点到 V 面和 W 面的距离都对应相等，所以 A、B 两点处于同一 H 面的投射线上，它们在 H 面上的投影重合在一起，A、B 两点称为对 H 面的重影点。

重影点需判别可见性，规定不可见点的投影用括号括起来。根据正投影特性，可见性的区分是前遮后、上遮下、左遮右。图 2-24（b）中的重影点 A 遮挡点 B，点 B 在 H 面的投影是不可见的，因此俯视图中点 B 的投影 b 用括号括起来。

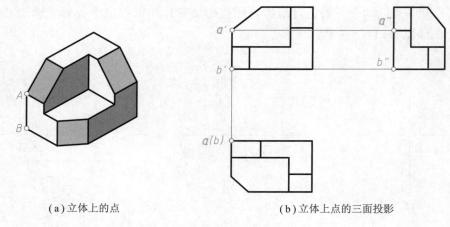

（a）立体上的点　　　　　　　　　　　　（b）立体上点的三面投影

图 2-24　立体上重影点的三面投影

2.3.2　直线的三面投影图及特殊位置直线的投影特性

1. 直线的三面投影图

两点确定一条直线，从投影原理可知，直线的投影一般仍是直线。因此，分别作出直线上两点（通常是线段的两个端点）的三面投影之后，用直线连接其同面投影，如图 2-25 所示，ab、$a'b'$、$a''b''$ 即为直线的三面投影。

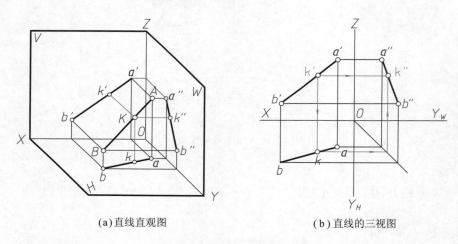

（a）直线直观图　　　　　　　　　　　　（b）直线的三视图

图 2-25　直线的三面投影图

2. 特殊位置直线的投影特性

（1）投影面的平行直线

三投影面体系中，平行于一个投影面而与另外两个投影面倾斜的直线称为投影面平行线。投影面平行线有三种位置。

水平线：平行于 H 面而与 V、W 面倾斜的直线；

正平线：平行于 V 面而与 H、W 面倾斜的直线；

侧平线：平行于 W 面而与 H、V 面倾斜的直线。

投影面平行直线的投影特征，见表 2-4。

表 2-4　投影面平行线的投影特征

名称	水 平 线	正 平 线	侧 平 线
实例	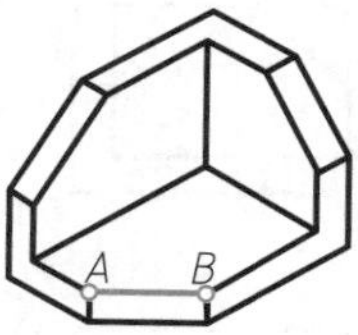	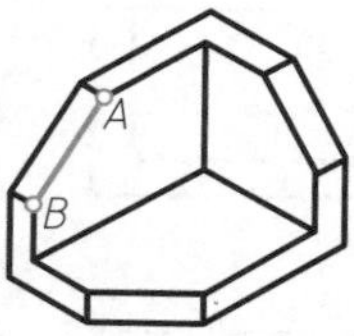	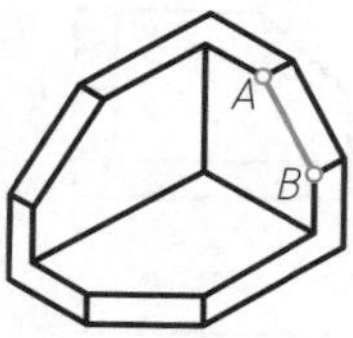
三视图	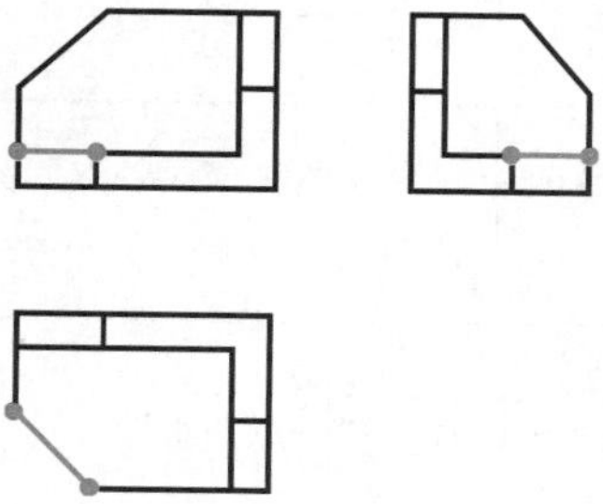	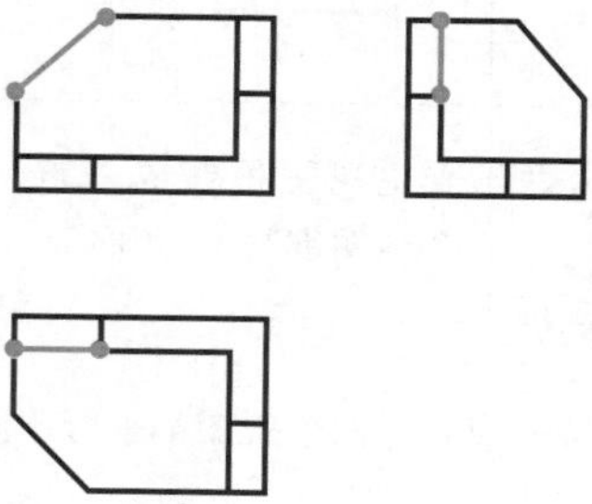	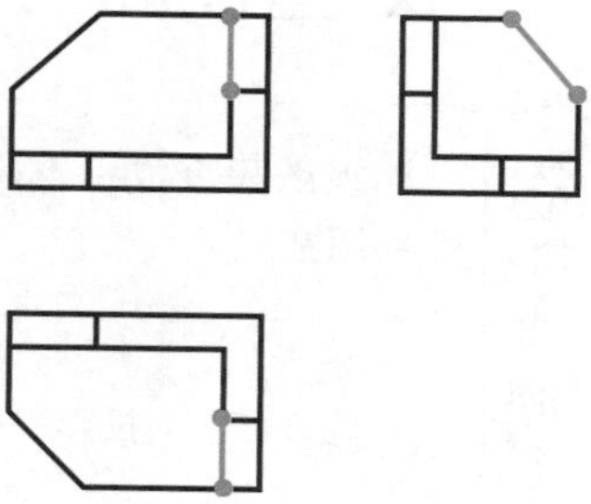
投影图	俯视图为斜线，反应实长，另两个视图都与 Z 轴垂直	主视图为斜线，反应实长，另两个视图都与 Y 轴垂直	左视图为斜线，反应实长，另两个视图都与 X 轴垂直
共同特征	在平行投影面上的投影为斜线，另两个投影垂直于同一坐标轴（"一斜两垂"）		

（2）投影面的垂直直线

三投影面体系中，垂直于一个投影面的直线，称为投影面垂直线。当直线垂直于一个投影面，必然平行另外两个投影面。投影面垂直线有三种位置。

铅垂线：垂直于 H 面的直线；

正垂线：垂直于 V 面的直线；

侧垂线：垂直于 W 面的直线。

投影面垂直直线的投影特征，见表 2-5。

表 2-5　投影面的垂直直线的投影特征

名称	铅 垂 线	正 垂 线	侧 垂 线
实例	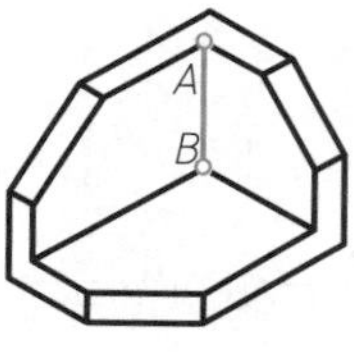	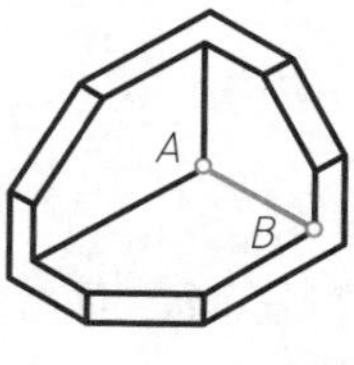	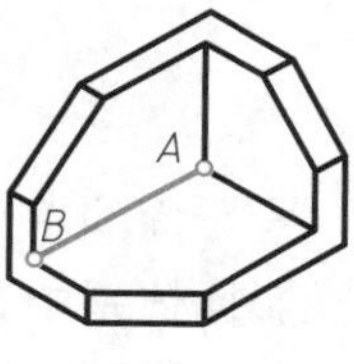

名称	铅 垂 线	正 垂 线	侧 垂 线
三视图	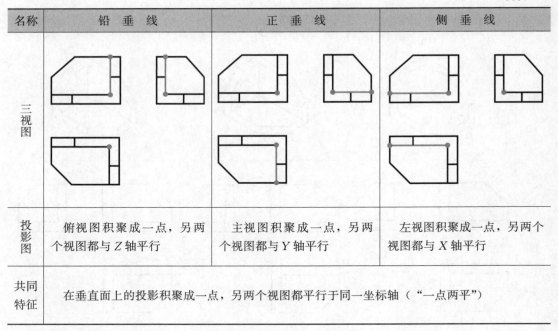		
投影图	俯视图积聚成一点，另两个视图都与 Z 轴平行	主视图积聚成一点，另两个视图都与 Y 轴平行	左视图积聚成一点，另两个视图都与 X 轴平行
共同特征	在垂直面上的投影积聚成一点，另两个视图都平行于同一坐标轴（"一点两平"）		

2.3.3 平面的三面投影图及特殊位置平面的投影特性

平面是构成平面立体的主要几何要素，平面的空间位置和形状对确立与之对应的平面立体空间形状，起着至关重要的作用。平面三视图的投影特性为正确表达平面立体提供了有力的分析手段。

1. 平面的三面投影图

平面的三面投影图可以由点的三视图作图方法作出，如图 2-26 所示。

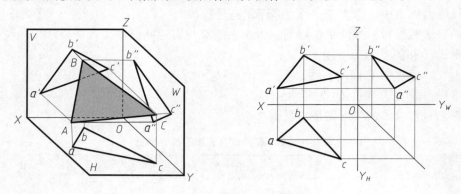

图 2-26　平面的三面投影图

2. 特殊位置平面的投影特性

（1）投影面的垂直平面

三投影面体系中，垂直于一个投影面，而与另外两个投影面倾斜的平面，称为投影面垂直面。投影面的垂直平面有三种位置。

铅垂面：垂直于 H 面而与 V、W 面倾斜的平面；

正垂面：垂直于 V 面而与 H、W 面倾斜的平面；

侧垂面：垂直于 W 面而与 H、V 面倾斜的平面。

投影面的垂直平面的投影特征，见表 2-6。

表 2-6　投影面的垂直平面的投影特征

名称	铅 垂 面	正 垂 面	侧 垂 面
实例	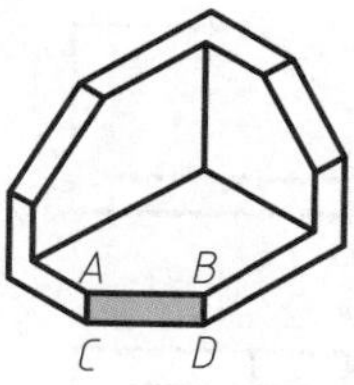	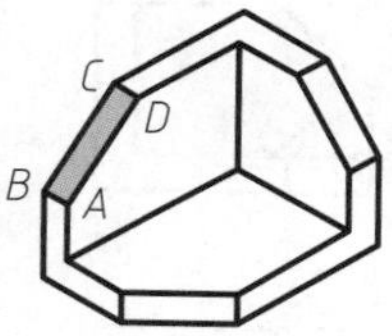	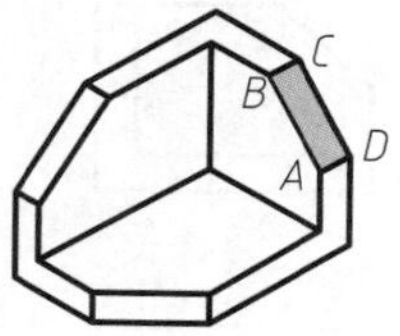
三视图	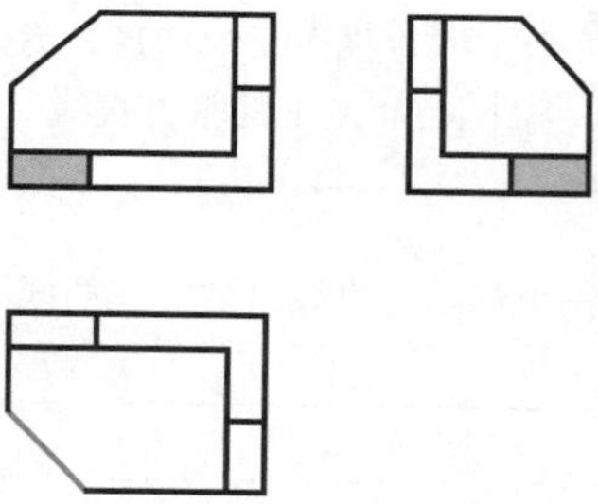	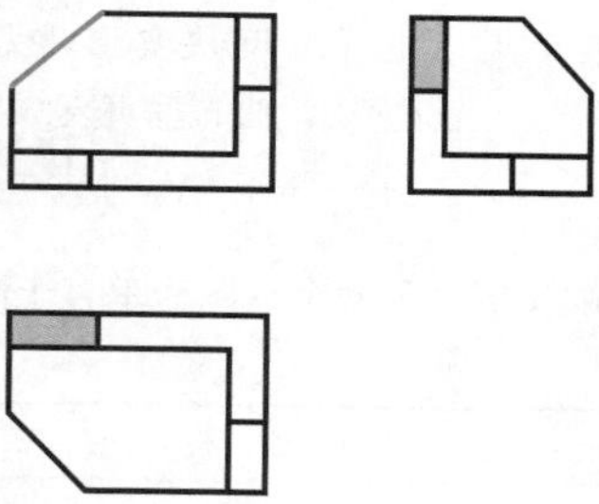	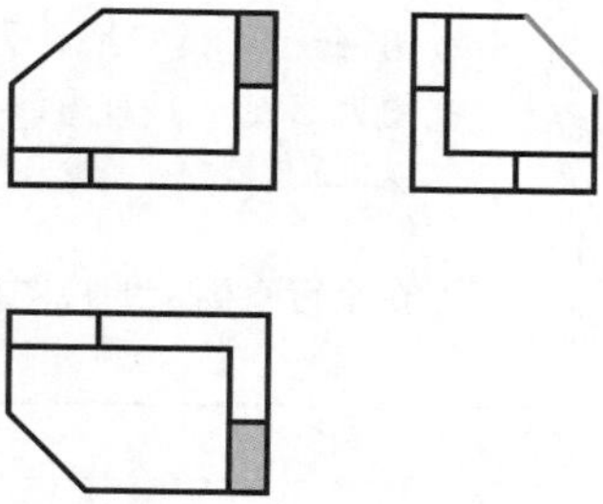
投影图	俯视图为一斜线，另两个视图为类似性	主视图为一斜线，另两个视图为类似性	左视图为一斜线，另两个视图为类似性
共同特征	在垂直面上的视图为一斜线，另两个视图为类似性（"一斜两类"）		

（2）投影面的平行平面

在三投影面体系中，平行于一个投影面（必垂直于另外两个投影面）的平面，称为投影面平行面。投影面的平行平面有三种位置。

水平面：平行于 H 面的平面；

正平面：平行于 V 面的平面；

侧平面：平行于 W 面的平面。

投影面的平行平面的投影特征，见表 2-7。

表 2-7　投影面的平行平面的投影特征

名称	水 平 面	正 平 面	侧 平 面
实例			
三视图			
投影图	俯视图反映实形，另两个视图为 Z 轴的垂直直线	主视图反映实形，另两个视图为 Y 轴的垂直直线	左视图反映实形，另两个视图为 X 轴的垂直直线
共同特征	在平行直面上的视图反映实形，另两个视图为垂直于同一坐标轴的直线（"一实两线"）		

 课堂活动

点、直线和平面投影规律的应用

◇ **材料工具：**

橡皮泥、裁纸刀和彩色笔。

◇ **活动要求：**

1. 应用点、直线和平面投影规律，绘制平面立体的三视图

①见表 2-8，利用橡皮泥制作正三棱锥立体模型；观察并讨论正三棱锥共有多少个顶点、棱线和棱面；用字母标注立体图中的空间点及投影图上的投影点。

②根据正三棱锥的主、俯视图，分别应用点、直线和平面的三视图投影方法，作出正三棱锥的左视图，要求保留作图线及标注的投影点字母。

③分析正三棱锥各棱线与棱面与投影面的相对位置关系。

表 2-8　点、直线和平面投影规律的应用练习

正三棱锥立体模型与主、俯视图

	作各顶点侧面投影，依次连接各点，完成左视图
点的投影	
	作各棱线侧面投影，完成左视图
直线的投影	
	作各棱面左视投影，完成左视图
平面的投影	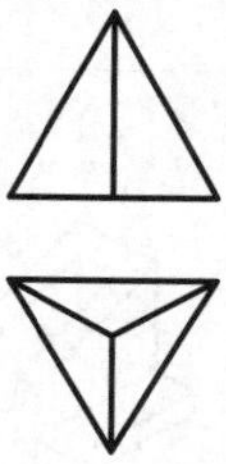

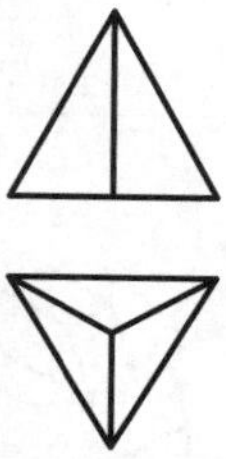

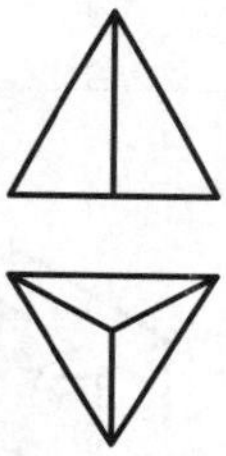

2. 平面投影规律认知练习

① 根据截面图形的特征，用彩色笔在模型的立体图及三视图上进行颜色填充，如图 2-27 所示。

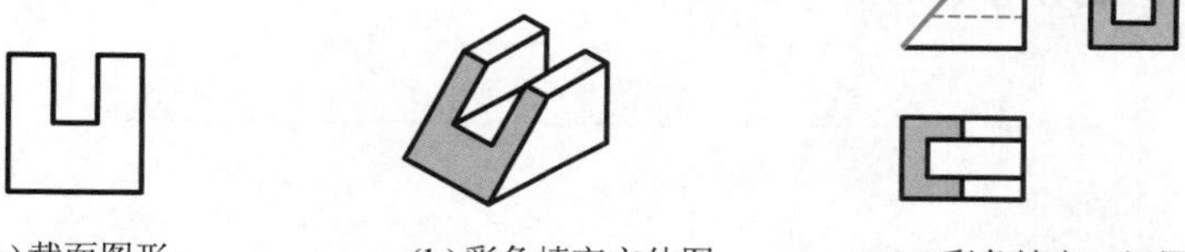

(a)截面图形　　(b)彩色填充立体图　　(c)彩色填充三视图

图 2-27　彩色填充模型的立体图及三视图的特征截面

②完成表 2-9 中模型立体图及三视图的特征截面颜色填充。

表 2-9　平面投影规律认知练习

截面图形	模型立体图	模型三视图

◇ **课堂讨论**：讨论平面投影的作图规律。

第 3 章　基本体与轴测投影

3.1　基本体的视图画法

本节重点

（1）熟练掌握棱柱及圆柱的视图画法；

（2）了解基本体表面上求点的方法。

基本体是指那些几何形状最简单的形体，简单的基本几何体又可以分为平面立体和曲面立体两大类。平面立体有棱柱、棱锥等；曲面立体有圆柱、圆锥、圆球和圆环等，如图 3-1 所示。

(a) 平面体　　　　　　　　　　　　　　　　(b) 回转体

图 3-1　基本体

基本体常有带切口、切槽等结构，成为不完整的基本体。完整和不完整的基本体是构成复杂形体（机件）的基础，因此，必须熟练地掌握基本体及其截断的图示方法。

3.1.1　平面立体的视图画法

表面都是由平面构成的形体，称为平面立体。平面体上相邻表面的交线称为棱线。

常见的平面体有棱柱和棱锥两种，棱柱的侧棱彼此平行，棱锥的侧棱交于一点。

画平面立体的视图，实质上就是画出所有棱线的投影，并根据它们的可见与否，分别采用粗实线或虚线表示。

1. 棱柱

棱柱分直棱柱（侧棱与底面垂直）和斜棱柱（侧棱与底面倾斜）。当顶面和底面为正多边形的直棱柱，则称为正棱柱。

（1）棱柱的三面视图

以正六棱柱为例，它由 6 个侧面、顶面和底面围成，如图 3-2 所示。使其底面与 H 面平行摆放，其前后两个侧面平行与 V 面，其余面为铅垂面。

正六棱柱投影特性：顶面和底面在 H 面的投影，反

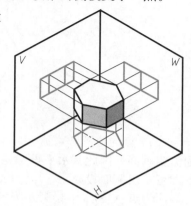

图 3-2　正六棱柱的直观图

映实形且为正六边形，在 V 面和 W 面投影积聚成直线段；6 个侧面都垂直 H 面，其 H 面投影具有积聚性，与顶面和底面相应边的 H 投影重合，前后两侧面为正平面，V 面投影为反映实形的矩形线框，其余四个侧面为铅垂面，其 V 面和 W 面投影为类似形矩形线框。

正六棱柱的视图画法，如图 3-3 所示。作图时，首先选择主视图的投射方向，绘制定位线；绘制反应棱柱特征的视图（俯视图）；再根据投影规律和棱柱的高度作出其他两个投影面的投影；最后检查视图并加深图线。

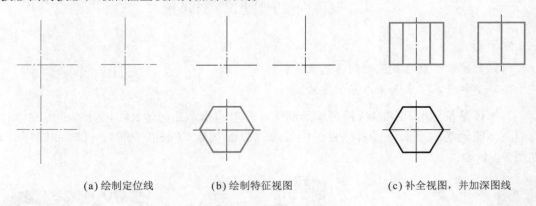

(a) 绘制定位线　　　　　(b) 绘制特征视图　　　　(c) 补全视图，并加深图线

图 3-3　正六棱柱的视图画法

*（2）棱柱表面上取点

【例题 3-1】已知正六棱柱表面上点 M 的正面投影 m'、点 N 的水平投影 n，求作点 M 和 N 的其他两投影 m、m''。

【作法】作图步骤如图 3-4 所示。

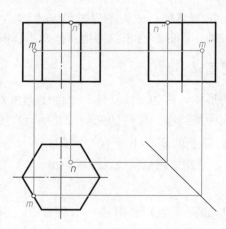

图 3-4　棱柱表面上求点

按 m' 点的位置和可见性，可判定点 M 在正六棱柱左侧棱面上。因为点 M 所在的平面为铅垂面，因此其水平投影 m 必落在该平面有积聚性的水平投影上。根据 m' 和 m 的投影即可求出侧面投影 m''。因为 M 所在的棱面的侧面投影可见，所以 m'' 为可见。

因为点 N 的水平投影 n 为可见，因此点 N 必定在正六棱柱的顶面，n'、n'' 分别在顶面的积聚直线上。

2. 棱锥

棱锥的底面为多边形，各侧面为若干具有公共顶点的三角形。从棱锥顶点到底面的距离称为锥高。当棱锥的底面为正多边形，各侧面是全等的等腰三角形时，称为正棱锥。

（1）棱锥的三面视图

如图 3-5 所示，以正三棱锥为例，其底面△ABC 为等边三角形，且平行于 H 面，三个侧面△SAB、△SBC、△SAC 为全等的等腰三角形。设将其放置成底面平行于 H 面，并有一个侧面垂直于 W 面。

正三棱锥的投影特性：底面为水平面，其 H 面投影反映实形，V 面和 W 面投影积聚为一直线；棱面△SAC 为侧垂面，因此在 W 面的投影积聚成一直线，H 面、V 面的投影都是棱面△SAC 的类似形；棱面△SAB、△SBC 为一般位置平面，其三面投影均为棱面△SAB 和△SBC 为类似形。

正三棱锥的视图画法，如图 3-6 所示。作图时，首先选择主视图的投射方向，绘制定位线；绘制反应棱锥特征的视图（俯视图）；再根据投影规律作出锥顶 S 的各个投影，然后连接每条棱线即得正三棱锥的三面投影。

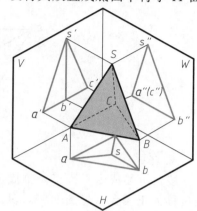

图 3-5　正三棱锥的直观图

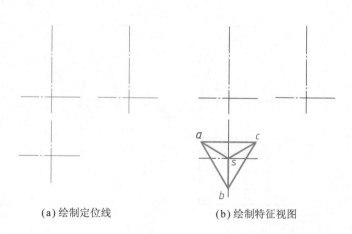

(a) 绘制定位线　　　　　(b) 绘制特征视图　　　　(c) 补全视图，并加深图线

图 3-6　正三棱锥的视图画法

*（2）在棱锥表面取点

【例题 3-2】已知正三棱锥表面点 N 的水平投影为及点 M 的正面投影，求其他两个投影。

【作法】作图步骤如图 3-7 所示。

因为 n 可见，因此点 N 必定在棱面△SAC 上，而棱面△SAC 垂直于 W 面，在 W 面上的投影积聚成直线，$s''a''$（c''），n'' 必定在直线上，由 n、n'' 即可求出 n'，n' 为不可见。

又因为 m 可见，因此点 M 必定在棱面△SAB 上。△SAB 是一般位置平面，没有积聚性，因此，必须利用辅助直线法求其另两个投影。过点 M 及锥顶点 S 作一条辅助直线 SK，与底边 AB 交于点 K，作直线 SK 的三面投影。根据点的从属关系，求出点 M 的其他两个投影。棱面△SAB 的三面投影均可见，所以其面上点的三面投影均为可见点。

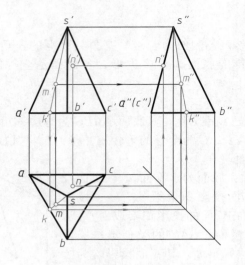

图 3-7　棱锥表面求点

3. 棱台

　　棱台可看成由平行于棱锥底面的平面截去锥顶一部分而形成的，由正棱锥截得的棱台称为正棱台（见图 3-8），其顶面与底面为互相平行的相似多边形，侧平面为等腰梯形。

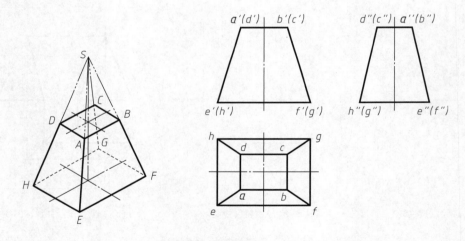

图 3-8　正四棱台的三视图

3.1.2　曲面立体的视图画法

　　由曲面或曲面和平面围成的形体称为曲面体。机件上常见的曲面体有圆柱、圆锥、圆球和圆环等称为回转体。回转体的回转表面是由一条母线绕着一条轴线旋转而成的。常见回转体的形成、空间投影及三视图见表 3-1。

1. 圆柱

　　圆柱由顶圆、底圆各圆柱面围成。圆柱面可由平行于回转轴的直线 AB，绕回转轴 OO' 旋转而成（见表 3-1）。

表 3-1　常见回转体的形成、空间投影及三视图

名称	圆柱体	圆锥体	球体
回转体的形成			
空间投影			
三视图			
共同特征	水平投影为圆，正面和侧面的投影为两个相同的图形（矩形、等腰三角形和圆）		

 课堂活动

圆柱体与其三视图几何要素的对应关系

◇ **材料工具：**
橡皮泥、裁纸刀和彩色笔。

◇ **活动要求：**
教师布置任务：
①见表 3-2，利用橡皮泥制作圆柱体模型；观察并标记出圆柱的最左、最右、最前、最后、最高、最低的素线位置。
②在表 3-2 中圆柱体对应的三视图中标注出最左、最右、最前、最后、最高、最低的素线位置。

表 3-2　圆柱体与其三视图几何要素的对应关系

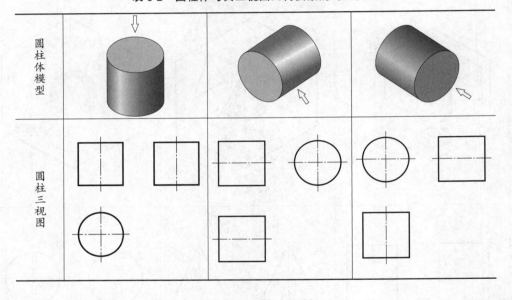

（1）圆柱的三视图

图 3-9 所示为圆柱体投影直观图。该圆柱轴线为铅垂线。其上、下底面圆为水平面，在水平投影上反映实形，正面投影和侧面投影分别积聚为一直线。圆柱面上所有素线（母线在回转面上任意位置）都是铅垂线，因此圆柱面的水平投影积聚为一个圆，在正面投影和侧面投影上分别画出决定投影范围的外形轮廓素线，即为圆柱面可见部分与不可见部分的分界线投影。

圆柱投影特性：如图 3-10 所示，在正面投影上是最左、最右两条素线的投影，它们是可见的前半圆柱面和不可见的后半圆柱面的分界线，也称为正面投影的转向轮廓素线；在侧面投影上是最前、最后两条素线的投影，它们是可见的左半圆柱面和不可见的右半圆柱面的分界线，也称为侧面投影的转向轮廓素线；水平投影为圆柱面积聚成的一个圆。

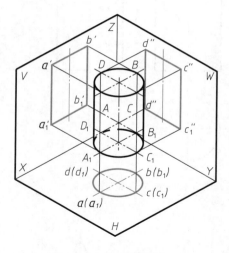

图 3-9　圆柱体的直观图

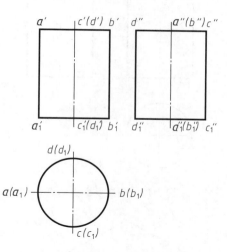

图 3-10　圆柱的三视图

圆柱的视图画法：作图时先画出圆柱体的特征视图（水平投影圆），再画出其他两个投影，如图 3-11 所示。

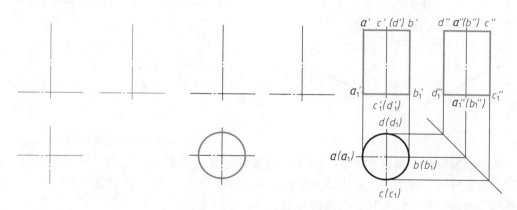

图 3-11　圆柱三视图画法

*（2）圆柱表面取点

【例题 3-3】如图 3-12 所示，已知圆柱面上点 M 和 N 的正面投影，求作其余投影。

【作法】由于圆柱体轴线垂直于水平投影面，圆柱面在俯视图上有积聚性，因 m' 不可见，则 m 应在俯视图的后半圆周上；n' 为可见，则 n 应在俯视图的前半圆周。根据投影关系，侧面投影 m'' 可见，n'' 不可见，如图 3-13 所示。

2. 圆锥

（1）圆锥的三视图

图 3-14 所示为圆锥体投影直观图。该圆锥体的回转轴垂直于水平面时，圆锥体的俯视图为一圆，圆的正面投影及侧面投影积聚成一直线，主视图和左视图都形成等腰三角形线框，如图 3-15 所示。

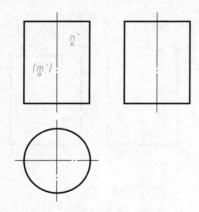

图 3-12　圆柱表面上的点

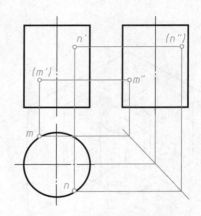

图 3-13　表面取点作图过程

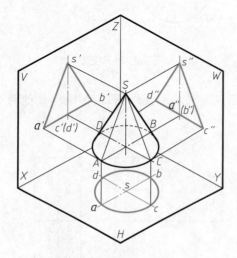

图 3-14　圆锥体投影直观图

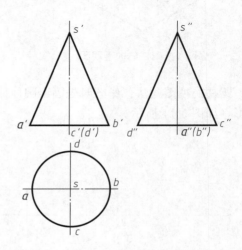

图 3-15　圆锥体的三视图

圆锥投影特性：圆锥和圆柱体类似，圆锥面上最左、最右、最前、最后的四条素线的投影构成圆锥主视图和左视图的轮廓线，如图中的 SA、SB、SC 和 SD 的投影，但应注意圆锥面的轮廓素线在投影为圆的视图上是没有积聚性的。

圆锥的视图画法：作图时先画出底面圆的各个投影，在画出锥顶的投影，然后分别画出其外轮廓素线的投影，完成圆锥的各个视图的投影。

*（2）圆锥表面取点

【**例题 3-4**】如图 3-16 所示，已知圆锥面上的点 K 的正面投影 k'，试求 k 和 k''。

【**作法**】由于圆锥面的三视图中都没有积聚性，为求点 K 的水平面和侧面投影，需作辅助线求解。

方法一：辅助素线法：如图 3-17 所示，过 k' 作素线 SA 的正面投影 $s'a'$，使 a' 在底面圆的投影上。然后作出 SA 的另外两个面投影，用直线上找点法求出 k 和 k''。

方法二：辅助纬圆法：如图 3-18 所示，过点 K 在圆锥面作一纬圆，此圆所在的平面必垂直于回转轴，其正面

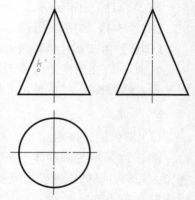

图 3-16　圆锥表面取点

投影和侧面投影均积聚成一段水平线，水平投影是底圆的同心圆。将纬圆的第二个投影画出后，点 K 的另外两投影则分别在纬圆的同面（即同一个投影面）投影上，再按投影作图可求得 k 和 k''。

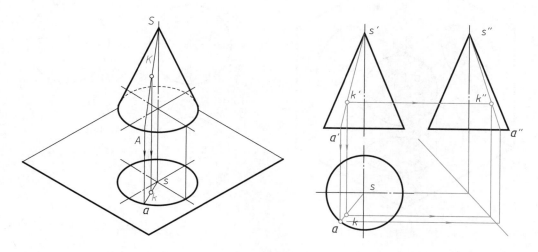

图 3-17　辅助素线法

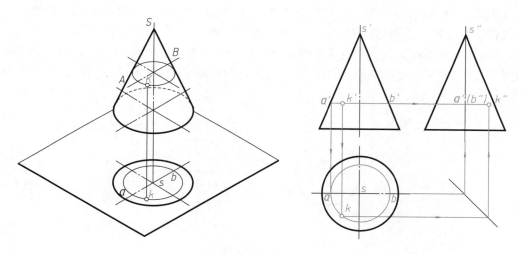

图 3-18　辅助纬圆法

3. 圆球

（1）圆球的三面视图

如图 3-19 所示，圆球在三个投影面上的投影分别为三个和圆球的直径相等的圆，这三个圆是圆球在三个方向轮廓线的投影。

圆球的投影特征：三个投影均为圆（图 3-20），其直径与球的直径相等。它们分别是这个球在三个投影面上的投影轮廓线。正面投影为前半球面和后半球面的分界线；水平投影为上半球面和下半球面的分界线；侧面投影为左半球面和右半球面的分界线。

圆球的视图画法：作图时先画出定位线，确定球心位置。再画出三个与球直径相等的圆。

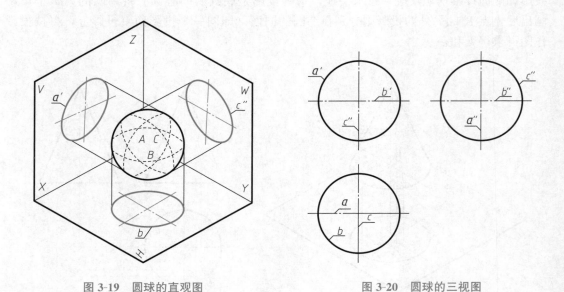

图 3-19　圆球的直观图　　　　　　　　　　　　图 3-20　圆球的三视图

*（2）圆球表面求点

【例题 3-5】如图 3-21 所示，已知球表面点 M 的左视图 m''，求作其另两个视图。

【作法】分析：点在球面的左、上、后表面上。球面的投影没有积聚性，球面上任意的两点的连线都不可能是一条空间直线，但任意一个平面与球表面的截交线都是一个圆，且直径可知，故球面上找点只能用辅助平面法，而且这个辅助平面可以是任意一个投影面平行面。

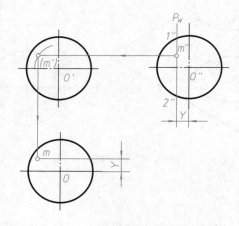

图 3-21　利用辅助平面法求圆球表面上的点

具体作图步骤如下：

①在左视图上过 m'' 作正平面 P 的投影 P_W 与圆周交于 $1''$、$2''$；

②以 O' 为圆心，$1''2''$ 为直径在主视图的左上部分画圆弧，按"高平齐"，在该圆弧上找到点 M 的主视图 m'，不可见。

③按"长对正""宽相等"，作出点 M 的俯视图 m，可见。

3.2 轴 测 投 影

本节重点

（1）了解正等轴测图的画法；

（2）能画出简单形体的正等轴测图。

机械图样中，主要采用正多面投影图（图 3-22）来表达物体的形状和大小，但正投影图缺乏立体感，因此在工程中有时采用一种直观感强的轴测图（图 3-23）来表达物体形状，帮助人们看懂机械图样。

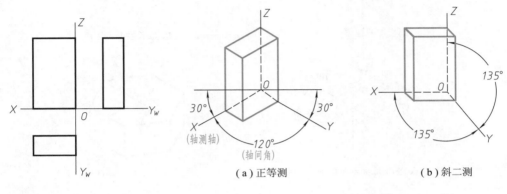

图 3-22 三视图   图 3-23 轴测图

3.2.1 轴测投影的基本知识

 课堂活动

三视图与轴测图的关系对比

◇ **材料工具：**

　分规、直尺和三视图与轴测图图样。

◇ **活动要求：**

　①对比三视图和轴测图的长、宽、高之间的关系。

　②对比三视图和轴测图中线段与坐标轴之间的关系。

　③收获与体会交流。

3.2.2 正等轴测图的画法

正等轴测图简称正等测。

1. 平面立体的正等轴测图的画法

【**例题 3-6**】已知正六棱柱的两视图，作其正等测图。

【**作法**】如图 3-24 所示。

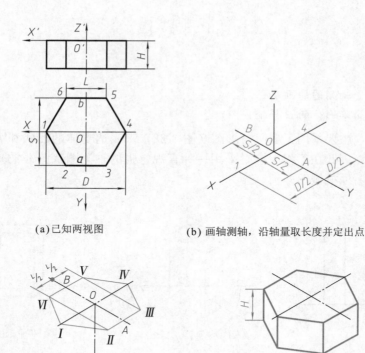

(a) 已知两视图　　　　　　　　(b) 画轴测轴，沿轴量取长度并定出点

(c) 画出底面轴侧草图　　　　　　(d) 完成全图，加深

图 3-24　作图过程

①在视图上选定坐标原点和坐标轴，坐标原点和坐标轴的选择应以作图简便为原则，选择六棱柱顶面中心 O 为原点，并以对称线为 Z 坐标轴。

②画轴测轴，根据视图中的 D、S 尺寸定出 Ⅰ、Ⅳ、A、B 点。

③过 A、B 作平行于 OX 轴的平行线，量取 L 尺寸，得 Ⅱ、Ⅲ、Ⅴ、Ⅵ 四点，连接各顶点呈六边形。

④过各顶点向下画侧棱，平行于 OZ 轴并取尺寸 H，连接各棱线端点，即得正六棱柱下底面。

⑤检查无误后，描深完成全图。

2. 回转体的正等轴测图的画法

【例题 3-7】已知圆柱的两视图，作其正等测图。

【作法】

①确定椭圆的长短轴方向，绘制椭圆。平行于各坐标面，圆的正等测图都是椭圆，如图 3-25 所示，它们除了长短轴的方向不同外，其画法都是一样的。

因此，作图时必须弄清圆平行于哪个坐标面，再画出该圆两条中心线的轴测投影，则椭圆的长短轴方向即可确定。椭圆的近似画法如图 3-26 所示。

②应用近似画法绘制顶面与底面圆的正等测图。

③作出两椭圆的外公切线（注意切点位置）。

④加深完成视图，如图 3-27 所示。

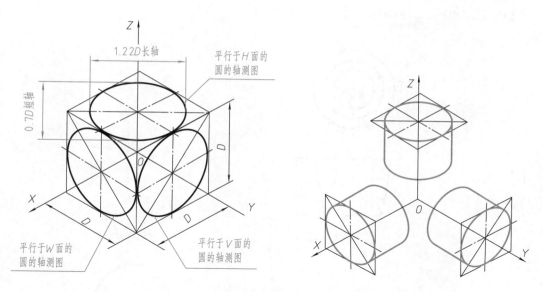

图 3-25　平行于各坐标面的圆的正等测图画法

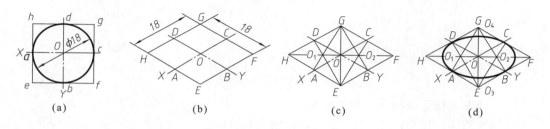

图 3-26　椭圆的近似画法

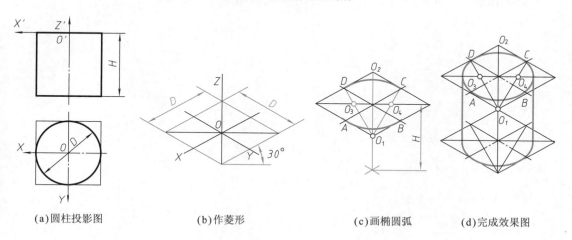

图 3-27　圆柱的正等轴测图的画法

*3.2.3　斜二等轴测图的画法

斜二等轴测图简称斜二测。

【例题 3-8】已知圆台的两视图，作其斜二测图。

【**作法**】如图 3-28 所示。

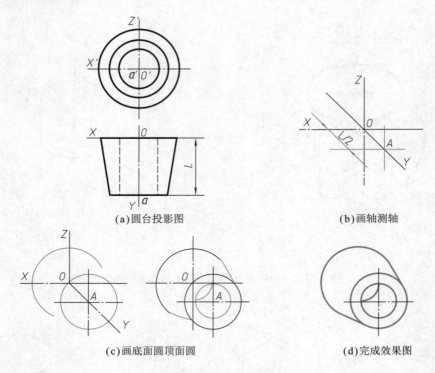

(a)圆台投影图　　　　　　　　(b)画轴测轴

(c)画底面圆顶面圆　　　　　　(d)完成效果图

图 3-28　圆台斜二轴测图的画法

①在视图上选定坐标原点和坐标轴；

②画轴测轴，在 OY 轴上量取 $L/2$，定出圆心 A；

③画出前、后孔圆的可见部分，擦去作图线并加深完成视图。

第4章 组 合 体

4.1　组合体的形体分析

本节重点

（1）理解组合体的组合形式和画法；

（2）熟悉形体分析法。

任何复杂的机器零件，从形体角度分析，都是由一些简单的平面体和曲面体组合成的。把由平面体和曲面体组合成的几何体称为组合体。图4-1所示的支架零件，就是由底板、支承板、肋和圆筒叠加起来形成的。

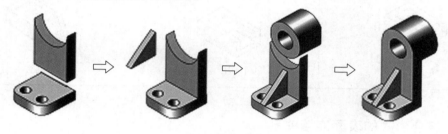

图 4-1　支架零件的形体组合过程

通常假想把组合体分解成若干个基本形体，搞清楚各形体的形状、相对位置、组合形式及表面连接关系，这种分析的方法称为形体分析法。

 课堂活动

◇ **材料工具：**

①橡皮泥模型：半圆柱一个，大小不一的四棱柱两个，如图4-2所示；

②小刀或其他切削工具一把。

◇ **活动要求：**

运用准备的材料组合成图4-3所示立体。

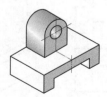

图 4-2　准备的材料　　　　　　　　　图 4-3　组合体

◇ **讨论：** ①组成图 4-3 所示立体的基本形体有哪些？
　　　　②是否还有其他的组合方案？

4.1.1　组合体的组合形式

形体组合的基本形式有叠加和挖切两种，见表 4-1。由表 4-1 可见，叠加是实形体和实形体进行组合。挖切是从实形体中挖去一个实形体，被挖去的部分就形成空形体（孔洞）；或者是在实形体上切去一部分，使被切的实形体成为不完整的基本几何形体。

表 4-1　组合体的组合形式

形　体	组　合　形　式	
	叠　加	挖　切
I II	I + II	I − II
II I	I + II	III （I + II）− III

4.1.2　组合形式的表面连接关系

形体经叠加、挖切组合后，形体的邻接表面之间可能产生平齐、相切或相交三种关系。

1. 平齐

两形体邻接表面共面时，称为平齐，此时在共面处不应有邻接表面的分界线，如图 4-4 （a)所示；如果两基本体的表面不平齐时，则必须画出它们的分界线，如图 4-4 （b）所示。

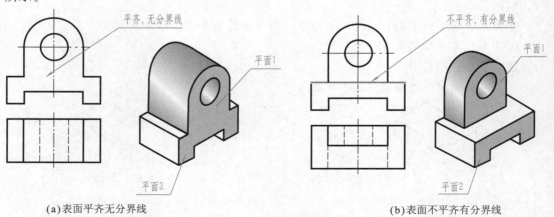

(a)表面平齐无分界线　　　　　　　　　　　　　　(b)表面不平齐有分界线

图 4-4　表面平齐与不平齐

2. 相切

当两形体邻接表面相切时，由于相切是光滑过渡，所以规定切线的投影不画，如图 4-5 所示。

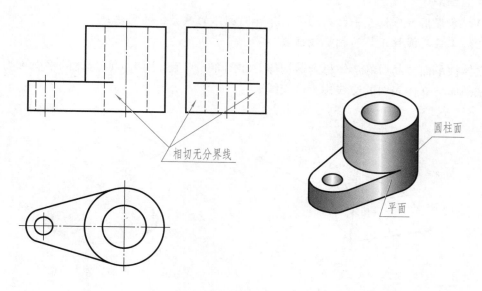

图 4-5 表面相切

3. 相交

当两形体邻接表面相交时，在相交处会产生不同形式的交线，在视图中应该画出交线，如图 4-6 所示。

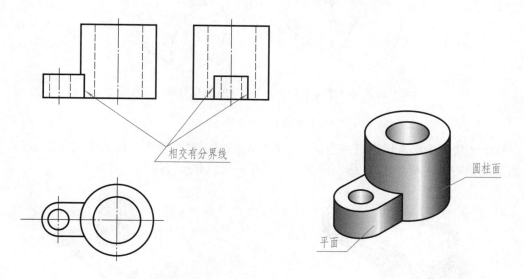

图 4-6 表面相交

4.2 截切体和相贯体

本节重点

（1）掌握用特殊位置平面截切平面体和圆柱体的截交线的画法；

（2）掌握两圆柱正贯的相贯线画法。

立体被平面截断后的形体称为截切体，如图 4-7 所示。用来截断形体的平面称为截平面，截平面与立体表面的交线称为截交线。

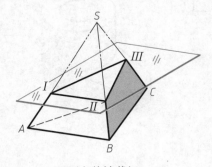
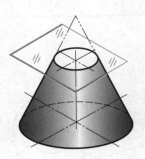

(a) 平面立体被截切   (b) 曲面立体被截切

图 4-7 截切体

两立体的表面相交称为相贯体，其表面交线称为相贯线，如图 4-8 所示。

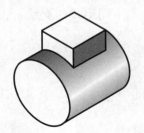
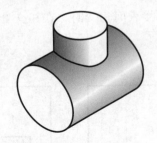

(a) 圆柱与四棱柱垂直相交   (b) 圆柱与圆柱垂直交

图 4-8 相贯体

在生产实际中经常会遇到一些截交和相贯的问题，拉杆接头上的截交线（图 4-9）和三通上的相贯线（图 4-10），所以需要研究求作截交线和相贯线的一般方法。

图 4-9 拉杆接头   图 4-10 三通阀

课堂活动

截断体及相贯体特性的认知学习

◇ **材料和工具**（2 人一小组）：

橡皮泥、彩色笔及小刀或其他切削工具。

◇ **活动内容**：

• 教师布置任务：

任务一：

①用准备的材料制作正五棱柱和正六棱锥各一个，尺寸自定。

②利用一个截平面截切所制作的正五棱柱和正六棱锥，观察截切后的断面形状。参考图 4-11 所示的正四棱柱被截切模型。

图 4-11　正四棱柱被截切

③各选两种正五棱柱和正六棱柱的截切体，画出三视图。

• 讨论与总结：正棱柱、正棱锥截交线的特性及其三视图的作图规律。

任务二：

• 根据所给模型轴测图（图 4-12），用彩笔画出相贯线的位置。

 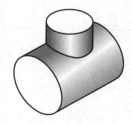

图 4-12　用彩笔画出相贯线的位置

• 讨论与总结：相贯线的特性及相贯体三视图的画法。

4.2.1　特殊位置平面截切平面体的截交线

特殊位置平面截切平面立体所得的截交线是一个封闭的平面多边形。作平面立体的截交线就是求截平面与平面立体上各被截棱线的交点，然后依次连接即得截交线。

【例题 4-1】如图 4-13 所示，已知正垂面 P 截切正六棱柱，求作正六棱柱被截切后的侧面投影。

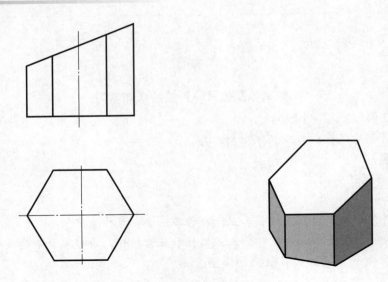

图 4-13　正垂面 P 截切正六棱柱

【作法】分析：正六棱柱被正垂面 P 斜切，截交线为六边形，其六个顶点分别是六条侧棱与截平面的交点，因此，只要求出截交线六个顶点在三个投影面上的投影，然后依次连接各点的同名投影，即得截交线的投影，从而完成被切后的正六棱柱的三视图，如图 4-14 所示。

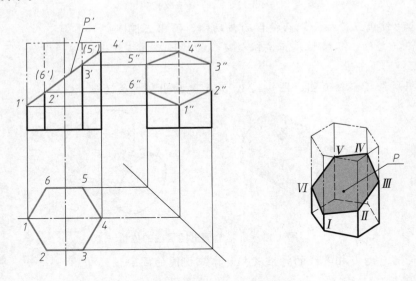

图 4-14　作图步骤

具体作图步骤如下：

①截交线的正面投影积聚成直线，可直接求出截交线的各点的正面投影 1′、2′、3′、4′、5′、6′。

②水平投影分别是正六边形的顶点，即 1、2、3、4、5、6 点；再根据点的投影规律，求出侧面投影 1″、2″、3″、4″、5″、6″。

③在侧面投影中，顺次连接各点，即得截交线的三面投影。

④整理轮廓线，判别可见性。由于正六棱柱上的棱线被截切，故投影中所有的棱线

只保留未被截切部分的投影。最右面棱线没有被截切部分的投影，其侧面投影为不可见，用虚线表示。

【例题 4-2】如图 4-15 所示为一带切口的正三棱锥的立体图，已知切口的正面投影，试画出三棱锥被截切后的水平投影和侧面投影。

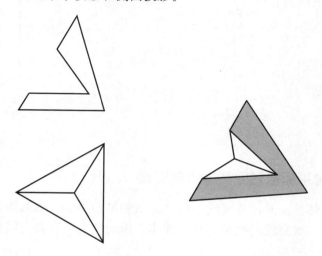

图 4-15　带切口的正三棱锥

【作法】分析：由于正三棱锥切口的截平面由水平面和正垂面组成，故切口的正面投影具有积聚性。水平截面与正三棱锥底面平行，因此交线ⅠⅡ 和交线ⅠⅢ 必平行于底边 AB 和 AC ，侧面投影积聚成一条直线；正垂截面交线 SB 和班 SC 为一般位置线；而两截面的交线为正垂线。

作图过程如图 4-16 所示。

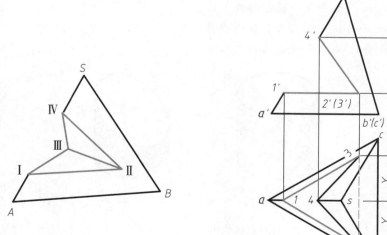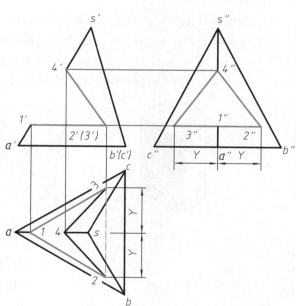

图 4-16　作图过程

能力拓展

①制作图 4-17 所示的开槽正六棱柱。

②完成所切立体的三视图。

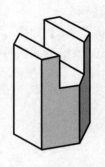

图 4-17　开槽正六棱柱

4.2.2　特殊位置平面截切圆柱体的截交线

截平面与回转体相交时，截交线一般是封闭的平面曲线，也可能是平面曲线和直线所围成的平面图形。截交线是截平面和曲面体表面的共有线，截交线上的点也都是它们的共有点。

课堂活动

圆柱截切体特性的认知学习

◇ **材料和工具**（2人一小组）：

橡皮泥、彩色笔及小刀或其他切削工具。

◇ **活动内容：**

①制作圆柱体模型，并通过截切完成如图 4-18 所示的形体。

截切要求：图 4-18（a）——截平面与圆柱轴线平行；

　　　　　图 4-18（b）——截平面与圆柱轴线垂直；

　　　　　图 4-18（c）——截平面与圆柱轴线倾斜。

(a)　　　　　　　　　(b)　　　　　　　　　(c)

图 4-18　圆柱截切体

②观察圆柱截切体，找出截平面位置与圆柱截交线的形状关系。

通过观察截切立体可以发现，根据截平面与圆柱轴线的相对位置不同，其截交线的形状也不同，见表 4-2。

表 4-2　截平面与圆柱轴线的相对位置不同时所得的三种截交线

截平面的位置	与轴线平行	与轴线垂直	与轴线倾斜
轴测图			
投影图			
截交线的形状	矩形	圆	椭圆

当截平面倾斜于圆柱轴线，截交线为椭圆。由于截平面垂直于正面，截交线的正面投影积聚成一条直线，水平投影与圆柱面的积聚性投影（圆）重合。截交线的侧面投影仍为椭圆。

【例题 4-3】如图 4-19 所示，求一圆柱被正垂面截切后的俯视图。

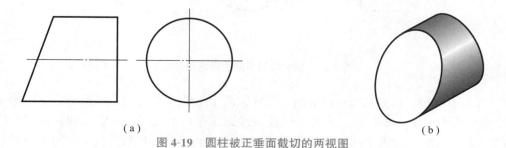

（a）　　　　　　　　　　　　　　　　　　　　　（b）

图 4-19　圆柱被正垂面截切的两视图

【作法】分析：截平面与圆柱轴线斜交，截交线是一椭圆。椭圆的正面投影在主视图上积聚成一段直线，在左视图上与圆柱的侧面投影圆重合。椭圆的投影在一般情况下仍为椭圆，且不反映实形，此例中的椭圆，其水平投影仍为椭圆。

具体作图步骤如下（图 4-20）：

①椭圆的长、短轴相互垂直平分，点 A 和点 B 的正面投影点 a' 和点 b'，位于圆柱的正面投影的轮廓线上，C、D 两点的正面投影位于 $a'b'$ 的中点处，侧面投影 a''、b''、c'' 和 d'' 都在圆周上。根据点的投影规律，求出 a、b、c、d 四点。

②中间点的求法是先定出正面投影 e' 和 f'，按照圆柱面上找点的方法求出它的侧面投影 e''、f'' 和水平投影 e、f。

③将俯视图上求得的点用曲线光滑连接起来，即可得到椭圆的水平投影。

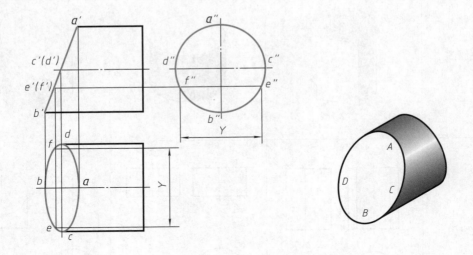

图 4-20　作图过程

【例题 4-4】 如图 4-21 所示，已知圆柱截切体的主视图和左视图，求作俯视图。

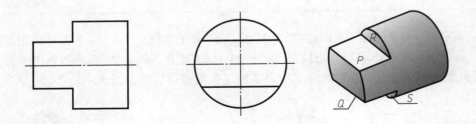

图 4-21　圆柱截切体的主视图和左视图

【作法】 分析：从主视图可以看出，圆柱被两个与轴线平行的水平面 P、Q 和两个与轴线垂直的平面 R、S 截切。前者与圆柱面的交线是四条直线，后者与圆柱面的交线是两段圆弧。平面 P 为水平面，正面投影积聚成直线，交线 AB 和交线 CD 的正面投影重合，其投影积聚成两个点。平面 Q 的情况与平面 P 的相同。平面 R 为侧平面，与圆柱面的交线为一圆弧，正面投影有积聚性，侧面投影反侧形。平面 S 的情况与平面 R 的相同。

具体作图步骤如下（图 4-22）：

①如图所示，根据投影关系，画出圆柱的俯视图。

②画出交线 ab、cd 和 bc，为平面 R 与圆柱面交线的水平投影，平面 Q 和平面 S 所形成的交线在俯视图中分别与平面 P 和平面 R 所生成的交线重合。

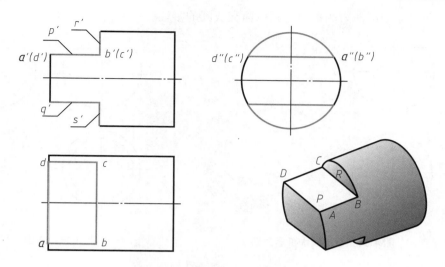

图 4-22 作图过程（续上图）

能力拓展

①运用准备材料中的圆柱切出图 4-23 所示的切槽圆柱。

②完成所切立体的三视图。

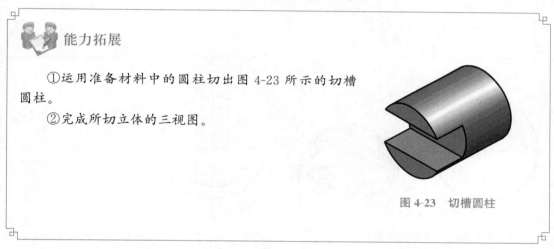

图 4-23 切槽圆柱

4.2.3 特殊位置平面截切圆球投影的画法

圆球的截交线都是圆，当截平面平行于基本投影面时，在该投影面上的截交线投影反映实形，而在垂直于截平面的投影面上的投影积聚成直线段，直线段的长度为截交线圆的直径。当截平面倾斜于基本投影面时，截交线的投影为椭圆。

【例题 4-5】 如图 4-24 所示，求作球面被水平面截切后的截交线的三视图。

【作法】分析：因截平面是一水平面，所以，截交线的水平投影反映截交线实形。

具体作图方法（图 4-25）：截平面有积聚性的投影与圆球轮廓线的交点之间的长度即为截交线圆的直径，从主视图上求得该直径，然后画出俯视图上的圆即可。

【例题 4-6】 如图 4-26 所示，求开槽半球的三视图。

【作法】分析：对称于球面中心的槽的左、右两个侧平面、水平面与球面的交线都是圆弧。

具体作图步骤如下（图 4-27）：

①在主视图上，延长侧平面并与圆球的水平中心线交于点 a'，侧平面与圆球轮廓线

相交于点 b'，$a'b'$ 即为侧平面与圆球面交线圆的半径。

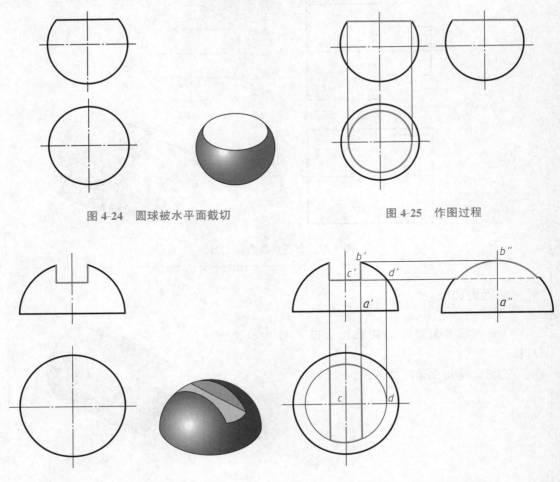

图 4-24　圆球被水平面截切　　　　　　　图 4-25　作图过程

图 4-26　开槽半球的两视图　　　　　　　图 4-27　作图过程

②延长水平面并交圆球轮廓线于点 d'，水平面与垂直中心线交于点 c'，则 $c'd'$ 为水平面与圆球面交线圆的半径。

③以 $a'b'$ 为半径在左视图上作圆，以 $c'd'$ 为半径在俯视图上作圆。再根据投影关系求出其余投影，如图 4-27 所示。

*4.2.4　立体相交及相贯线的画法

本书主要介绍垂直相交的两圆柱体及同轴（垂直于投影面）回转体的相贯线画法。

两立体的相贯线是两个立体表面的共有线，也是两相交立体的分界线，相贯线上的所有点都是两个立体表面的共有点。由于立体表面是封闭的，因此相贯线在一般情况下是封闭的空间曲线。

根据相贯线的特性可知，求相贯线的实质，就是求两个立体表面的共有点，将这些点光滑地连接起来，即得相贯线。

【例题 4-7】如图 4-28 所示，求作两垂直相交的圆柱体的相贯线。

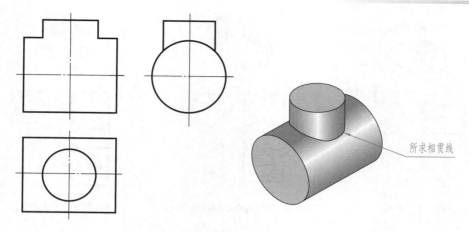

所求相贯线

图 4-28　求作两垂直相交的圆柱体的相贯线

【作法】分析：由于两个直径不同的圆柱的轴线垂直相交，因此相贯线为封闭的、前后左右对称的空间曲线。小圆柱轴线垂直于水平投影面，水平投影具有积聚性，其相贯线的水平投影和小圆柱水平投影的圆重合。大圆柱的轴线垂直于侧面投影面，侧面投影具有积聚性，相贯线的投影一定也和大圆柱侧面投影圆重合。因此，只需求出相贯线的正面投影。

具体作图步骤如下（图 4-29）：

①求作特殊点。根据相贯线的最左、最右、最前、最后点的水平投影 a''、b''、c''、d''，求出正面投影 a'、b'、c'、d'。

②求作一般点。先任取相贯线上 E 和 F 的水平投影 e 和 f，找出侧面投影 e'' 和 f''，长后求出 e' 和 f'。

③将主视图上求得的各点依次光滑连接起来，即得到所求相贯线的投影。

为了简化作图，国家标准规定，在不致引起误解时，图形中的相贯线可以简化，如图 4-30 所示。

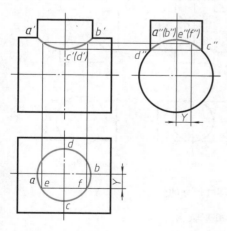

图 4-29　作图过程

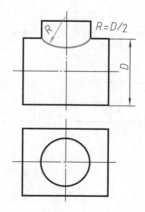

图 4-30　相贯线的简化画法

两轴线垂直相交的圆柱，在零件结构中是最常见的，它们的相贯线一般有图 4-31 所示的三种形式。

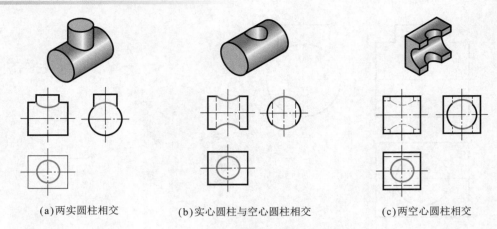

(a)两实圆柱相交　　　　(b)实心圆柱与空心圆柱相交　　　　(c)两空心圆柱相交

图 4-31　两圆柱正交的形式

知识拓展

相贯线形状的变化

　　两圆柱直径比值的改变，会引起交线的性质、弯曲程度和走向发生变化，相贯线的变化趋势如图 4-32 所示。

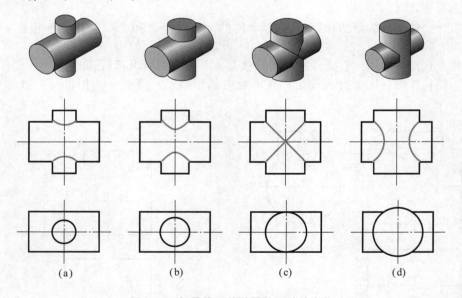

(a)　　　　　　　(b)　　　　　　　(c)　　　　　　　(d)

图 4-32　相贯线形状随圆柱尺寸的变化

图 4-32（a）：水平圆柱与直立圆柱的直径相差较大；

图 4-32（b）：直立圆柱的直径逐渐增大，相贯线弯曲增大；

图 4-32（c）：两圆柱的直径相等，相贯线为椭圆，V 面投影为两条直线；

图 4-32（d）：直立圆柱直径大于水平圆柱，相贯线改变弯曲方向。

结论：两圆柱正交时，其相贯线总是凸向大圆柱的轴线。

4.3　组合体的三视图画法及尺寸注法

本节重点：

（1）掌握组合体三视图的画法；
（2）能识读和标注简单组合体的尺寸；
（3）掌握读组合体视图的方法与步骤。

课堂讨论

组合体视图画法

图 4-33 所示的轴承架用形体分析法可分解成哪几部分？各部分之间的相对位置关系如何？相邻两基本体的组合形式及连接方式是什么？它们之间是否会产生交线？

课堂任务

完成表 4-3 所示的课堂任务表。

图 4-33　轴承架

表 4-3　课堂任务表

名　称	轴　测　图	三　视　图
底板		
半圆端竖板		
肋板		

4.3.1　根据教学模型绘制组合体三视图

画组合体三视图时，由于形体较复杂，应采用形体分析法。根据正投影的原理，按照一定的方法和步骤进行，以图 4-33 所示轴承架为例，说明组合体三视图的绘图步骤（表 4-4）。

1. 选择主视图

画图时，首先要确定主视图。将组合体摆正，其主视图应能较明显地反映出该组合体的结构形状特征。对于图 4-33 所示的轴承架. 按图中箭头方向投射画主视图，就能够充分反映长方形底板、半圆端竖板和三角形肋板的相对位置关系和形状特征。

2. 确定比例与图幅

根据组合体的复杂程度和尺寸大小，选择国家标准规定的画图比例和图纸幅面。

3. 布图、画底稿

根据组合体的总体尺寸，通过简单计算，将各视图均匀地布置在图框内。各视图的位置确定后，用细点画线或细实线画出作图基准线。作图基准线一般为底面、对称面、重要的端面、重要的轴线等。

4. 检查描深

检查底稿并改正错误，然后再描深。

组合体的画图步骤及有关注意事项如下：

- 选定比例后画出各视图的对称线、回转体的轴线、圆的中心线及主要形体的端面线等作为基准线。
- 运用形体分析法，逐个画出各组成部分。一般先画主要的组成部分（如轴承架的长方形底板），再画其他部分。先画主要轮廓，再画细部。
- 画基本几何体时，先从反映实形或有特征的视图开始，再按投影关系画出其他视图。
- 画图过程中，应按"长对正、高平齐、宽相等"的投影规律，几个视图对应着画，以保持正确的投影关系，同时也提高了画图的速度。

表 4-4　组合体三视图的绘图步骤

说明	画 3 个视图的作图基准线，对称中心线，大圆孔中心线及底面、背面位置线	说明	画底板，从俯视图先画，凹槽则从主视图先画

说明	画半圆端立板，从其反映特征形状的主视图先画	说明	画肋板，应用"三等关系"画出主视图左视图和俯视图

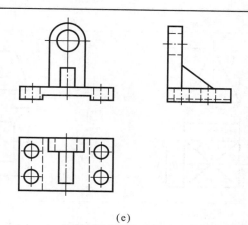

(e)

说明	检查全部底稿图，确认无误后，按照标准线型描深

4.3.2 组合体的尺寸注法

组合体尺寸标注的基本要求是标注的尺寸要正确、完整、清晰。其中"正确"是指尺寸数值应正确无误，注法要符合国家标准的规定；"完整"是指尺寸标注要做到不重复，不遗漏；"清晰"是指尺寸布置要整齐，便于读图。

1. 基本体的尺寸标注

表 4-5 中列出了常见的几种基本体的尺寸标注。

表 4-5 常见的基本体的尺寸标注

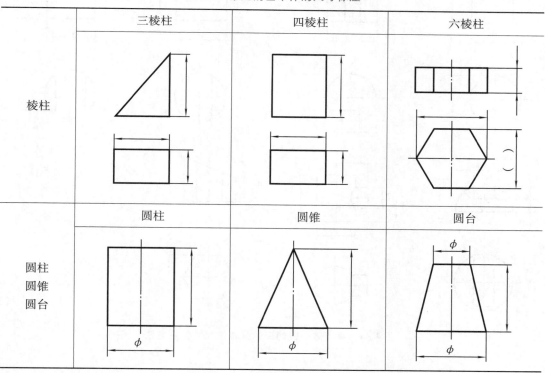

四棱锥		四棱台
棱锥 棱台	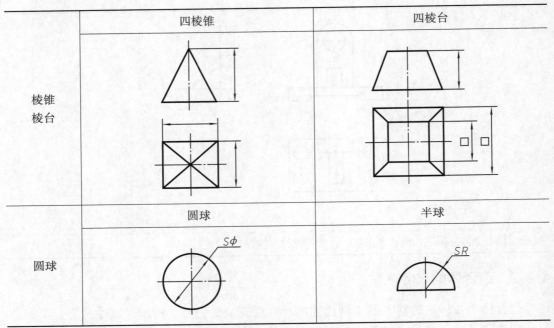	
	圆球	半球
圆球		

注：加括号的尺寸可以不标注，生产中往往为了下料方便作为参考尺寸。

图 4-34 所示为具有截面或切口的基本体尺寸标注方法。

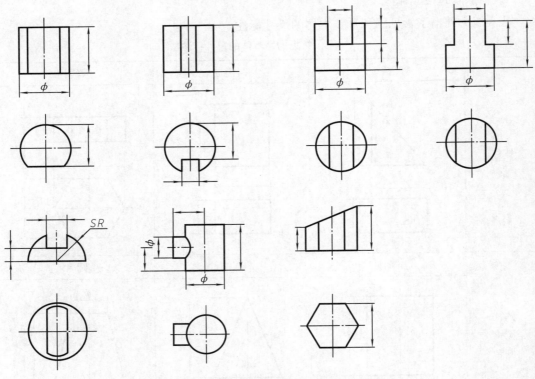

图 4-34　具有截面或切口的基本体尺寸标注方法

2. 组合体尺寸的标注方法和步骤（见表 4-6）

（1）进行形体分析，选定尺寸基准

表 4-6 中（a）图所示的轴承架由底板、半圆端竖板和肋板三个形体组成。该轴承架为左右对称结构，因此选对称面为长度方向的主要基准。轴承架底面为安装平面，所以将底面作为高度方向的尺寸基准，后端面为宽度方向的尺寸基准。

（2）标注每个形体的定位和定形尺寸［表 4-6(b)～(d)］

表 4-6 轴承架尺寸标注

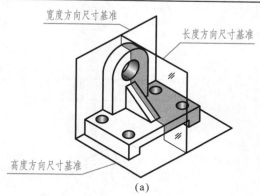

(a)

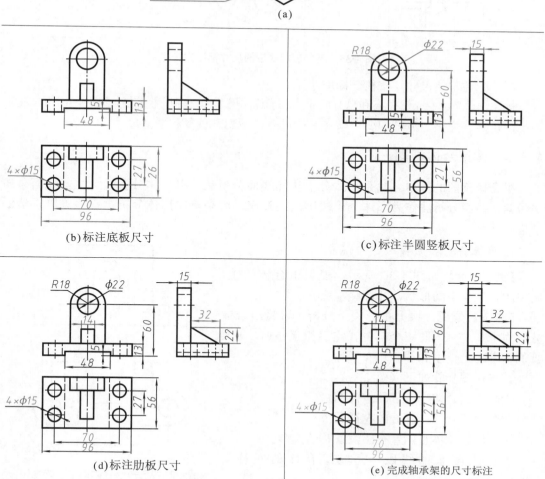

(b)标注底板尺寸

(c)标注半圆竖板尺寸

(d)标注肋板尺寸

(e)完成轴承架的尺寸标注

常见不同形状底板的尺寸标注方法如图 4-35 所示。

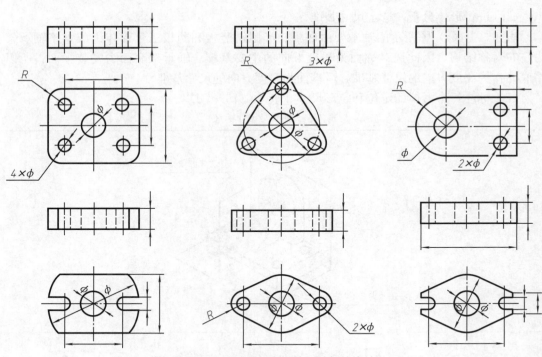

图 4-35　不同形状底板的尺寸标注方法

（3）标注整体尺寸，校核已标尺寸［表 4-6（e）］

标注轴承架的总长、总高和总宽尺寸。由于总体尺寸和已标尺寸重复，因此不需再标注。按正确、完整、清晰的要求检查已标尺寸，做到不重复和遗漏尺寸。

4.3.3　读组合体视图

组合体读图的基本方法是形体分析法和线面分析法，以形体分析法为主，线面分析法为辅。线面分析法作为形体分析法读图的补充，用来解决形体分析过程中难以看清的结构形状。

1. 形体分析法读图

【例题 4-8】如图 4-36 所示，根据组合体的主、俯视图，想象空间形状，并补画左视图。

【作法】分析：根据投影关系分析，可将组合体分解为Ⅰ、Ⅱ、Ⅲ 三个部分，它们相互叠加，Ⅱ、Ⅲ位于Ⅰ之上，Ⅰ和Ⅱ后表面平齐。

具体作图步骤如下（图 4-37）：

①画出组合体Ⅰ部分的左视图。

②画出组合体Ⅱ部分的左视图。

③画出组合体Ⅲ的左视图及通孔的投影。

④擦去多余的线段，完成组合体的左视图（图 4-38）。

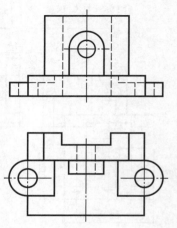

图 4-36　已知组合体的主、俯视图

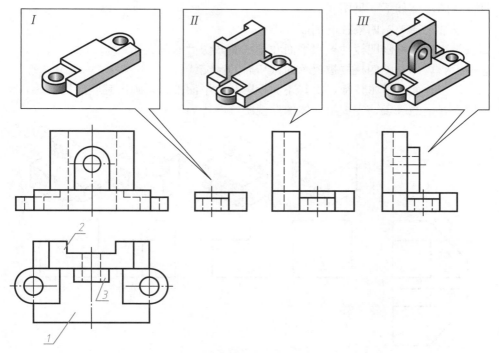

图 4-37　形体分析法作图过程

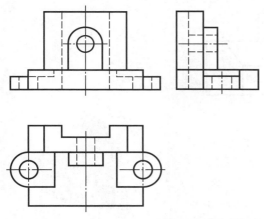

图 4-38　补画组合体左视图

2. 线面分析法读图

【例题 4-9】 如图 4-39 所示，根据组合体的主、俯视图，想象空间形状，并补画左视图。

【作法】 分析：由已知视图可知，该组合体是由四棱柱切割而成的。由俯视图的图框对应主视图的积聚直线可知，四棱柱被一水平面切割；由主视图的图框对应俯视图的积聚直线可知，四棱柱被一正平面切割，前上方形成一切口；由俯视图左端的缺角可知，四棱柱被铅垂面切割；由主视图左上缺角可知，四棱柱被正垂面切割。

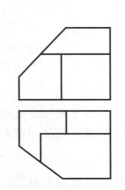

图 4-39　已知组合体的主、俯视图

具体作图步骤如下（见图4-40）：

①按投影规律补画四棱柱的侧面投影；

②按投影规律补画四棱柱被水平面和正平面截切后的截交线；

③按投影规律补画四棱柱被铅垂面截切后的截交线；

④分析正垂面的投影特征，由其正面投影和水平面投影，画出其侧面投影；

⑤擦去多余的线段，完成组合体的左视图（图4-41）。

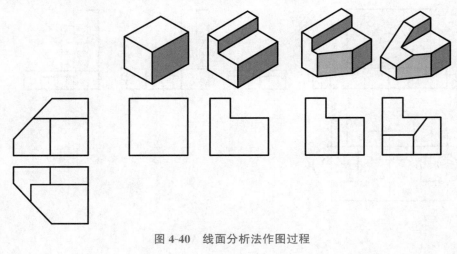

图 4-40　线面分析法作图过程

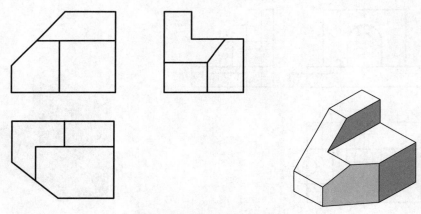

图 4-41　补画组合体左视图

4.4　计算机抄画组合体视图

本节重点

（1）掌握采用对象追踪来绘制三视图方法；

（2）掌握利用投影辅助线及构造线功能绘制三视图的方法。

要能正确、快速抄画组合体三视图，首先要读懂组合体视图，按照"高平齐，长对正，宽相等"的投影规律，灵活应用计算机绘图的"绘图""修改"及"标注等技能，熟练掌握屏幕捕捉方式，逐步画出三视图。

4.4.1 抄画简单形体三视图

【例题 4-10】按照 1∶1 的比例抄画图 4-42 所示的三视图（不注尺寸），将所绘图形存盘。

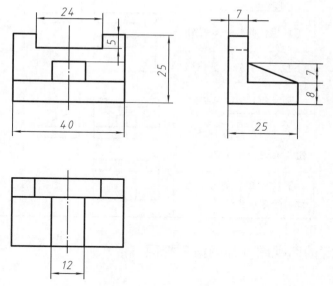

图 4-42 三视图

【作法】根据图形的总体尺寸，选择适当的样板图，绘图步骤见表 4-7。

表 4-7 抄画三视图绘图步骤 　　　　　　　　　　　　　　　　单位：mm

步 骤	图 层	绘图命令	绘图效果	备 注
第一步画出 L 形棱柱	粗实线层	命令行：rectang line 工具栏：绘图→□按钮；绘图→✎按钮 下拉菜单：绘图→矩形；绘图→直线		矩形线框的正面投影（40×25）、水平投影（40×25）、侧面投影 L 形线框采用直线命令绘制。对象追踪来绘制三视图
第二步画对称线	点画线层	命令行：line 工具栏：绘图→✎按钮 下拉菜单：绘图→直线		利用"对象捕捉"工具栏中的✕按钮，捕捉矩形顶边中点；利用"标准"工具栏中✎按钮，使中心线超出图形 3

步　骤	图　层	绘图命令	绘图效果	备　注
第三步 画矩形槽	粗实线层 虚线层	命令行：offset 工具栏：修改→按钮 下拉菜单：修改→偏移		利用"修改"工具栏中的按钮，裁去多余线段
第四步 画三角形肋板		命令行：offset line 工具栏：修改→按钮；绘图→按钮 下拉菜单：修改→偏移；绘图→直线		先画主视图、俯视图，再画左视图

4.4.2　抄画给定的两视图，补画第三视图

【例题 4-11】 按照 1∶1 的比例抄画图 4-43 所示的主、俯视图，补画左视图（不标注尺寸）。

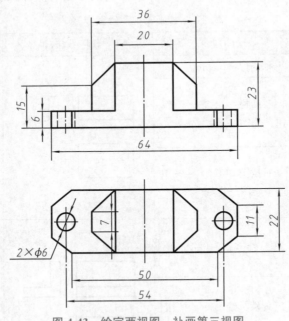

图 4-43　给定两视图，补画第三视图

【作法】 根据图形的总体尺寸，选择适当的样板图。该组合体左视图的绘图步骤，见表 4-8。

抄画已知视图的步骤，可参考上例，通过熟练应用已掌握的"绘图""编辑"等命令完成。从该形体的主视图和俯视图可以看出，组合体由上、下两个基本形体切割后叠加而成，其形体分析过程如图 4-44 所示。

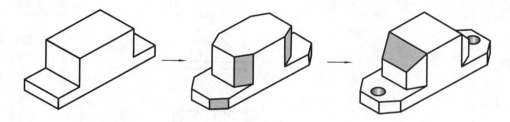

图 4-44　形体分析过程

表 4-8　组合体给二补三的绘图步骤　　　　　　　　　　　　　单位：mm

步　骤	图　层	绘图命令	绘图效果	备　注
第一步 画投影线 辅助线	粗实线层	命令行：line 工具栏：绘图→✐按钮 下拉菜单：工具→草图设置；绘图→直线		在"草图设置"对话框中，将极轴角设为"45°"，在左视图右侧画投影辅助线
第二步 画投影 连线	粗实线层	命令行：xline 工具栏：绘图→✐按钮 下拉菜单：绘图→构造线		在构造线命令行提示中，选择水平（H），可绘制水平构造线；选择垂直（V），可绘制垂直构造线
第三步 画底板	粗实线层 虚线层	命令行：line 工具栏：绘图→✐按钮		按照投影关系，分别勾画底板、八棱柱截切体的轮廓线，底板孔用虚线表示
第四步 画八棱柱 截切体	粗实线层 虚线层	下拉菜单：绘图→直线		按照投影关系，分别勾画底板、八棱柱截切体的轮廓线，底板孔用虚线表示

步 骤	图 层	绘图命令	绘图效果	备 注
第五步画左视图对称线	点画线层	命令行：line 工具栏：绘图→✎按钮；标准→✎按钮 下拉菜单：绘图→直线		画左视图对称线，利用"标准"工具栏中✎按钮，使中心线超出图形
第六步整理图形		命令行：erase trim 工具栏：修改→✎按钮、✎按钮 下拉菜单：修改→删除、修剪		删除、修剪多余线段，完成图形绘制

第 5 章　机件的常用表达方法

在生产实际中，由于各种机件的形状千差万别，对于结构简单的机件，用前面介绍的三个视图即可将其表达清楚，但是对那些内外形结构复杂的机件，仅仅通过三个视图不足以将其完全、清晰地表达出来。因此，国家标准（GB/T 4458.1—2002）规定了视图的基本表示方法。学习这些方法并灵活运用它们，才能完全、清晰、简便地表示机件的形状结构。

5.1　视图（GB/T 4458.1—2002）

本节重点

（1）熟悉基本视图的形成、名称和配置关系；

（2）熟悉向视图、局部视图和斜视图的画法与标注。

视图主要用于表达机件的外部形状和结构，一般只画出机件的可见部分，必要时才用虚线表示其不可见部分，视图的种类通常分为基本视图、向视图、局部视图和斜视图四种。

5.1.1　基本视图

在原有的三个投影面的基础上，再增加三个互相垂直的投影面，形成一个正六面体［图 5-1（a）］，六面体的六个侧面称为基本投影面。将机件放于正六面体当中，并向这六个基本投影面进行投射，将基本投影面展开［图 5-1（b）］，就得到六个基本视图，如图 5-2 所示。其中，除前面学过的主视图、左视图、俯视图外，还有由右向左投射所得的右视图，从下向上投射所得到的仰视图和由后向前投射所得的后视图。

基本视图选用的数量与机件的复杂程度和结构形式有关，并不是每个图样都需要六个基本视图。基本视图选用的次序，一般是先选用主视图，其次是俯视图或左视图。

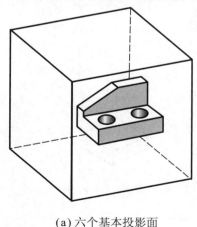

(a) 六个基本投影面　　　　　　(b) 六个基本投影面展开

图 5-1　基本视图的形成

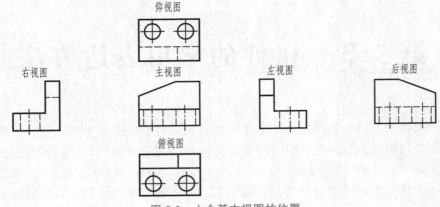

图 5-2　六个基本视图的位置

5.1.2　向视图

　　向视图是基本视图的一种表达形式，向视图的位置可不受主视图的限制而随意确定。为便于读图，应在向视图的上方标注该向视图的大写字母，同时在相应视图的附近用箭头指明投射方向，并标注同样字母，如图 5-3 所示。

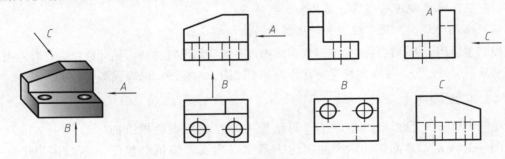

图 5-3　向视图示例

 课堂活动

基本视图和向视图

◇ **材料工具**（2 人一小组）：

　　每组分有木质模型 2 个或比例为 1：1 的模型轴测图 2 份。

◇ **活动要求**：

* 测量模型尺寸，按箭头所指方向（图 5-4）用恰当比例绘制视图，剪下所有绘制的视图。

* 选定主视投射方向和主视图后，由同组的另一名同学将俯视图、左视图、右视图、仰视图及后视图摆放在恰当的位置。

* 主视图位置不变，将其他视图自由配置在任意位置上，给出恰当的标注，由同组的另一名同学核对标注的正确性。

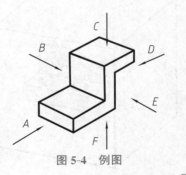

图 5-4　例图

◇ **讨论：**
　①六个基本视图之间存在哪些投影规律?
　②比较向视图与基本视图，考虑这两种视图的应用方法。

5.1.3　局部视图

当机件的主要形状已在基本视图上表达清楚，只有某些局部形状尚未表达清楚，而又没有必要再画出完整的基本视图时，可单独将这一局部形状向基本投影面投射所得的视图称为局部视图，如图 5-5 (a) 所示。

画局部视图时应注意以下几点：

①局部视图可按基本视图的配置形式配置，如图 5-5 (b) 中的 A 视图，也可按向视图的配置形式配置，如 B 视图。

②局部视图的断裂边界通常以波浪线（或双折线，中断线）表示，如图 5-5 (b) 中的 A 视图；但当表示的局部结构是完整的，且外形轮廓又为封闭时，则波浪线可省略不画，如 B 视图。

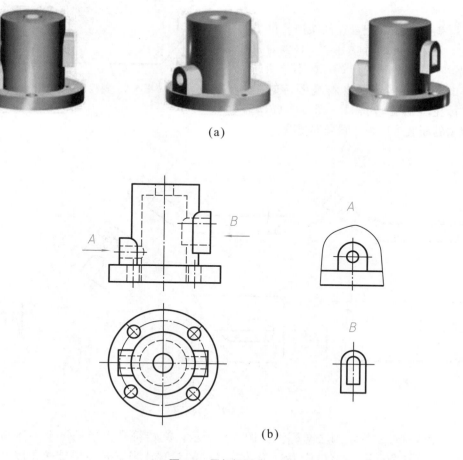

(a)

(b)

图 5-5　局部视图

③必须用带字母的箭头指明投射方向，并在局部视图的上方注同样的字母，如"A""B"。当局部视图按投影关系配置，中间又无其他图形隔开时，可以省略标注。

5.1.4　斜视图

将机件向不平行于基本投影面的平面投射所得的视图称为斜视图。斜视图用来表达机件上倾斜结构的真实形状。设置一个与支板倾斜部分平行且垂直于一个基本投影面的新投影面，将倾斜结构按垂直于新投影面的方向 A 进行投射，就得到反映它的实形的视图，所得的视图即为斜视图，如图 5-6 所示。

画斜视图时要注意以下几点：

①斜视图必须用带字母的箭头指明投射方向，并在斜视图的上方注明视图的名称，如"A"［图 5-7（b）］。

②斜视图是为了表达机件倾斜部分的真实形状，而机件的非倾斜部分在斜视图上并不反映其真形，因此可略去不画。

③斜视图最好配置在箭头所指的方向上，并保持投影对应关系。必要时也可配置在其他适当的位置，在不致引起误解的情况下，允许将斜视图旋转配置，标注时加旋转符号［图 5-7（c）］。斜视图的断裂边界画法同局部视图。

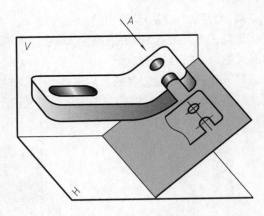

图 5-6　斜视图的形成

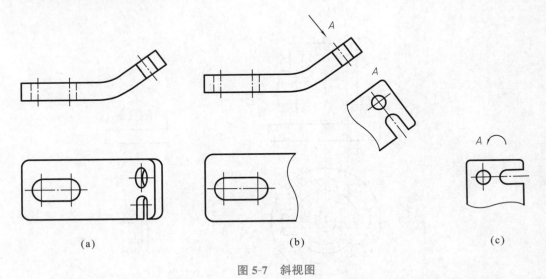

(a)　　　　　　　　　　(b)　　　　　　　　　　(c)

图 5-7　斜视图

④旋转符号的规定画法与标注如图 5-8 所示。旋转符号为半径等于字体高度的半圆弧。表示该视图名称的字母应靠近旋转符号的箭头端，当需要注出旋转角度时，角度数值应写在视图名称字母之后。

（a）旋转符号 　　　　　　　　　　　　　　（b）旋转符号的标注

图 5-8 旋转符号的规定画法与标注

h= 符号与字体高度
h=R
符号笔画宽度=h/10或h/14

课堂讨论

抄画图样练习

图 5-9（a）所示的压紧杆用形体分析法可分解成哪几部分？各部分之间的相对位置关系如何？其三视图［图 5-9（b）］中哪些视图不反映实形？如何简化不反映实形的视图？怎样将倾斜结构的实形表示出来？

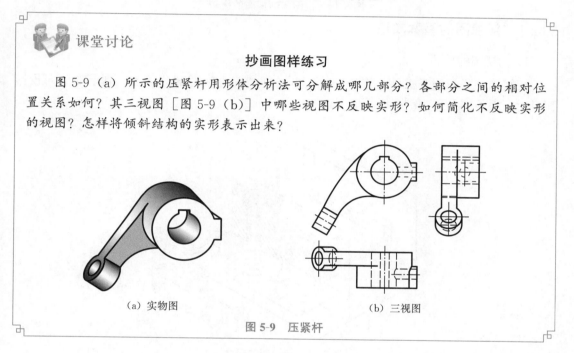

（a）实物图 　　　　　　　　　　（b）三视图

图 5-9 压紧杆

5.2 剖视图和断面图（GB/T 4458.6—2002）

本节重点

（1）理解剖视的概念，掌握画剖视图的方法与标注；

（2）掌握与基本投影面平行的单一剖切面的全剖视图、半剖视图和局部剖视图的画法与标注；

（3）了解斜剖视、几个相互平行的剖切平面的剖视图和几个相交剖切平面的剖视图的画法与标注；

（4）能识读移出断面和重合断面的画法与标注。

当机件的内部结构较复杂时，视图上会出现很多的虚线或虚实重叠现象［图 5-10（a）］，这给看图及标注尺寸带来较大困难，因此国家标准（GB/T 4458.6—2002）中规定了剖视图［图 5-10（b）］和断面图的基本表示法。

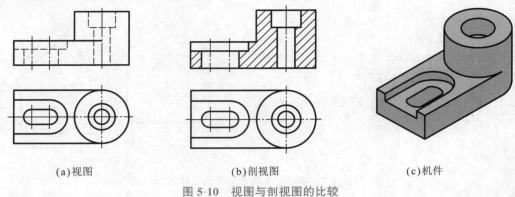

(a)视图   (b)剖视图   (c)机件

图 5-10　视图与剖视图的比较

5.2.1　剖视图的基本知识

1. 剖视图的概念

假想用一平面剖开机件，将位于观察者与剖切面之间的部分移去，剩余部分向投影面投射所得的图形称为剖视图，如图 5-11 所示。

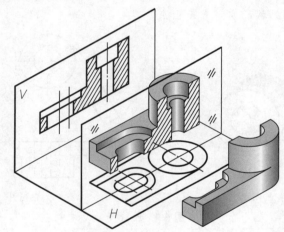

图 5-11　剖视图的概念

2. 剖视图的画法

画剖视图应注意如下的问题（图 5-12）：

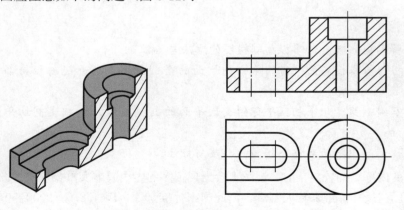

图 5-12　剖视图的画法

①剖切面一般应通过机件的主要对称面或轴线，并平行或垂直于某个投影面。

②剖视只是用假想的剖切面剖开机件，因此除剖视图外，其他的视图还应完整画出。

③画图时要想象清楚剖切后的情况，并注意剖切面后面部分的投影不要漏掉。为了使图形更加清晰，剖视图中应省略不必要的虚线，但如果画出虚线有助于读图时，也可画出虚线。

④在剖切区域上应画出剖面符号，表示不同的材质，各种材料规定的不同剖面线符号见表 5-1。对于金属材料，其剖面符号为与水平面成 45°且间隔均匀的细实线。

表 5-1　剖面符号

材料名称	剖面符号	材料名称	剖面符号
金属材料（已有规定剖面符号的除外）		砖	
线圈绕组元件		玻璃及供观察用的其他透明材料	
转子、电枢、变压器和电抗器等的叠钢片		液体	
型砂、填砂、粉末冶金、砂轮、陶瓷刀片、硬质合金刀片等		非金属材料（已有规定剖面符号的除外）	

3. 剖视图的标注

为了便于找出剖视图与其他视图的投影关系，一般在剖视图上，应将剖切位置、投射方向，以及剖视图的名称在相应的视图上进行标注。

剖视图需要标注的内容如下：

①注明剖切位置。用粗实线表示剖切面起、迄及转折位置，画图时尽可能不与图形轮廓线相交。

②注明投射方向。在起、迄粗短线外端用箭头指明投射方向。

③注明剖视的名称。在箭头或粗短线的外侧注写字母"×"，如图 5-13（b）中主视图所示；在剖视图正上方标注"×-×"，如图 5-13（b）中俯视图上方所示的 $A\text{-}A$。

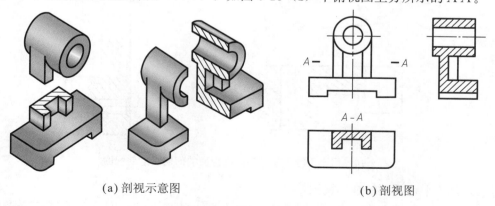

(a) 剖视示意图　　　　　　　　(b) 剖视图

图 5-13　剖视图的标注

下列情况下，剖视图可省略标注或少标注：

①当剖视图按投影关系配置，中间又无其他图形隔开时，可以省略箭头，如图 5-13（b）所示。

②在满足第①种情况的条件下，若剖切面与物体对称面或基本对称面完全重合时，由于剖切位置及投射方向都非常明确，故可省略全部标注，如图 5-13（b）中的左视图。

5.2.2 剖视图的种类与标注

按剖切范围的大小将剖视图分为全剖视图、半剖视图和局部剖视图三种。

1. 全剖视图

用剖切面完全剖开机件所得的剖视图称为全剖视图。全剖视图用于表达内部形状复杂的不对称机件或外形简单的对称机件。剖切面可以是平面，也可以是柱面；可以是单一平面，也可以是由几个平行平面或几个相交平面构成的多个剖切平面。

（1）单一剖切平面的全剖视图

用单一剖切平面剖机件时，按照剖切平面与基本投影面的位置关系，可将其分为平行于某一基本投影面与不平行于某一基本投影面两种剖切平面。

用平行于某一基本投影面的平面剖切机件，就得到前面介绍的全剖视图（图 5-12），以及后面将要介绍的半剖视图和局部剖视图。

用不平行于某一基本投影面的平面剖切机件，可以表达机件上倾斜部分的内部结构，得到斜剖视图。除应画出剖面线外，斜剖视图的画法、图形的配置及标注与斜视图相同，如图 5-14 所示。

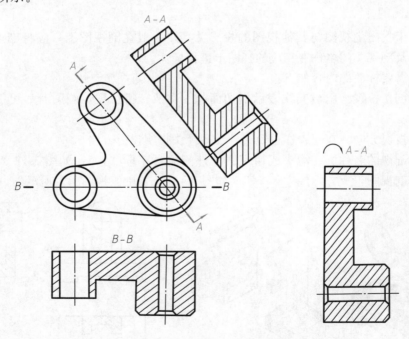

图 5-14　用不平行于某一基本投影面的剖切面的剖视图

（2）几个平行平面的全剖视图

当需要表达机件上分布在几个相互平行的平面上的内部结构时，可采用几个平行的剖切面剖开机件的表达方法。剖切面起、迄、转折处画剖切符号并加注相同字母，如图 5-15 中视图所示，剖视图上方注明相应字母，如图中视图上方"A—A"。

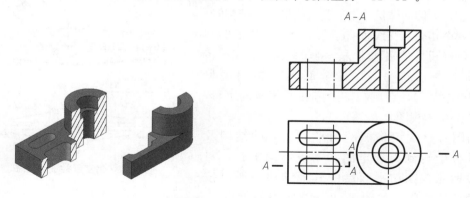

图 5-15　平行剖切面的剖视图

画图时要注意剖视图中剖切平面的转折部位不应与机件轮廓重合，不应画出剖切面的界线（图 5-16（a））。剖视图内不应出现不完整要素（图 5-16（b）），仅当两个要素具有公共对称中心线或轴线时，可以各画一半，并以中心线分界，如图 5-17 所示。

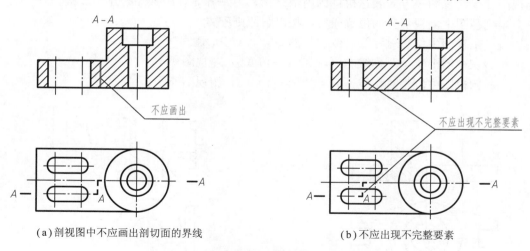

（a）剖视图中不应画出剖切面的界线　　　　　　（b）不应出现不完整要素

图 5-16　平行剖切面的剖视图中常见的错误

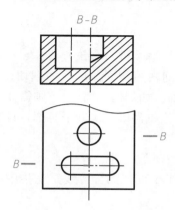

图 5-17　允许出现不完整要素特例

（3）几个相交平面的全剖视图

当需要表达具有公共回转轴形成的机件，如轮、盘、盖等回转体机件上的孔、槽等内部结构时，可采用两个相交且交线垂直于某一基本投影面的剖切平面剖开机件的表达方法。剖切平面起、迄、转折处画上剖切符号，并且全部注写相同字母（图 5-18 主视图），在剖视图上方注明相应的字母，如图 5-18 中俯视图上方"A—A"。

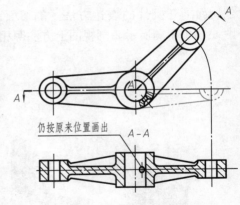

仍按原来位置画出

图 5-18　相交剖切面剖视图

画图时要注意将被剖切平面剖开的结构及有关部分旋转到与选定的基本投影面平行，再进行投射。在剖切平面后的其他结构一般仍按原来的位置投射，如图 5-18 俯视图中的小孔。

2. 半剖视图

当机件具有对称平面时，向垂直于对称平面的投影面上投射所得的图形，可以对称中心线为界，一半画成剖视图，另一半画成视图。这样的表达方法获得的剖视图称为半剖视图。半剖视图一方面表达机件的内部结构，另一方面表达机件的外部形状。

半剖视图中剖视部分的位置通常可按以下原则配置：

——主视图中位于对称线右侧，如图 5-19（a）所示。

——左视图中位于对称线右侧，如图 5-19（b）左视图所示。

——俯视图中位于对称线下方，如图 5-19（b）俯视图所示。

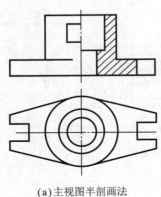

（a）主视图半剖画法

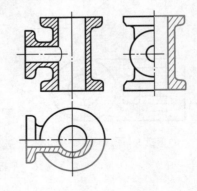

（b）左视图和俯视图半剖画法

图 5-19　半剖视图的画法

半剖视图的标注方法与全剖视图相同。剖视的剖切位置若为对称平面，不必标注；剖视的剖切位置若不是对称平面（如剖切平面 A），则需注明剖切面位置符号和字母，并在剖视图上方注明"×—×"。当机件形状接近于对称，且其不对称部分已另有视图表达清楚时，也可以画成半剖视图。

画半剖视图时应注意如下的问题：

①半剖视图中半个视图和半个剖视的分界线是对称中心线，切不可画成粗实线，如图 5-20 所示。

②半剖视图中未剖部分视图不应画出表示内部形状的虚线。

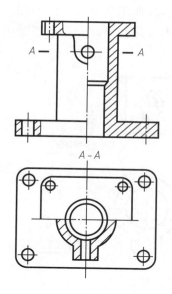

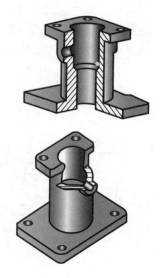

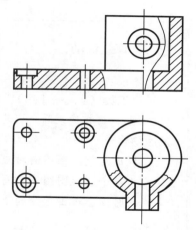

图 5-20　画半剖视图应注意的问题

3. 局部剖视图

用剖切平面局部的方法剖开机件所得的视图，称为局部剖视图。在局部剖视图中，应用波浪线将剖视和视图隔开，以表示剖切的范围，如图 5-21 所示。

局部剖视图是一种比较灵活的表示方法，适用范围较广，一般用于下列几种情况：

①当同时需要表达不对称机件的内外部形状和结构时，不宜采用全剖视图，应采用局部剖视图，如图 5-22所示。

②当机件的内外剖轮廓线与中心线重合，不宜采用半剖视图时，应采用局部剖视图，如图 5-23 所示。

③当轴、手柄等实心件上的孔或槽内部结构需要剖开表达时，宜采用局部剖视图。

图 5-21　局部剖视图

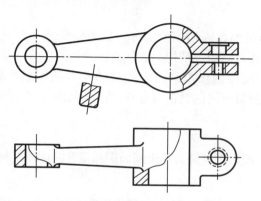

图 5-22　局部剖视图（不宜作全剖）

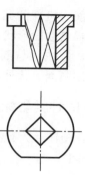

图 5-23　局部剖视图（不宜作半剖）

画图时应注意不要将表示断裂处的波浪线和图样上的其他图线重合［图 5-24 （a）］，波浪线应画在物体的实体部分，在遇到槽、孔等空腔时不应穿孔而过，也不能超出视图的轮廓线，如图 5-24 （b）所示。

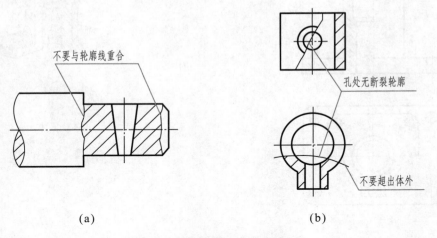

（a）   （b）

图 5-24 局部视图常见的错误画法

 课堂活动

剖视图读图训练

◇ **材料工具**（4 人一小组）：

  每组分得档案袋两个（其中一个装有剖视图图例，另一个装有对应图例的立体图）。

◇ **活动要求**：

- 找出与剖视图图例对应的立体图，并将它们摆在一起。
- 为每个剖视图图例，写出其表达方案的理由。
- 用时少、理由充分的小组，为获胜组。

◇ **讨论**：

  各种剖视图所适用的机件特点？

5.2.3　断面图的基本知识

假想用剖切面将机件的某处切断，仅画出剖切面切到的部分，称为断面图。断面图常用于肋板、轮辐的断面形状，以及轴上的孔和键槽等结构的表达。

画断面图时，应注意与剖视图的区别，断面图仅需画出机件被切断处的断面形状，而剖视图除了画出断面形状外，还应画出沿投射方向的其他可见轮廓线，如图 5-25 所示。

5.2.4　断面图的种类与标注

根据断面图在图样上所配置的位置不同，断面图可分为移出断面图和重合断面图两种。

1. 移出断面图

画在视图之外的断面图，称为移出断面。移出断面图的轮廓线用粗实线绘制，可配置在剖切线的延长线上。

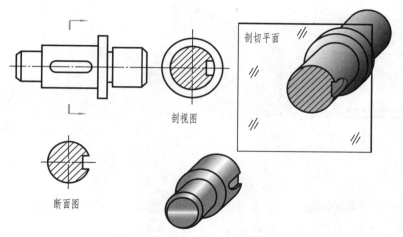

图 5-25　断面图与剖视图的区别

画移出断面图应注意如下问题：

①移出断面图形对称时，也可画在视图的中断处，如图 5-26 所示。

②当剖切平面通过回转面形成的孔或凹坑的轴线时，这些结构按剖视图要求绘制，如图 5-27 所示。

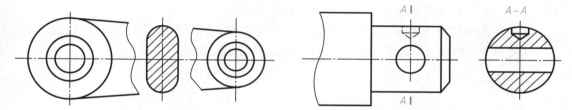

图 5-26　移出断面图的配置示例　　　　图 5-27　带有孔或凹坑的断面图示例

③剖切平面通过非圆孔而导致出现完全分离的两个断面时，则这些结构应按剖视绘制，在不致引起误解时，允许将图形旋转，如图 5-28 所示。

④由两个或多个相交剖切平面得出的移出断面，中间应断开，如图 5-29 所示。

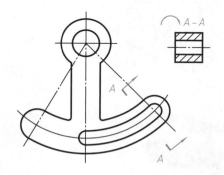

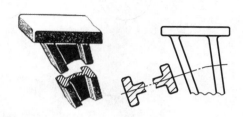

图 5-28　应按剖视绘制的非圆孔断面图　　　图 5-29　用相交剖切平面得出的移出断面

2. 重合断面图

在不影响图形清晰的条件下，断面也可按投影关系画在视图内，画在视图内的断面图称为重合断面图，如图 5-30 所示。

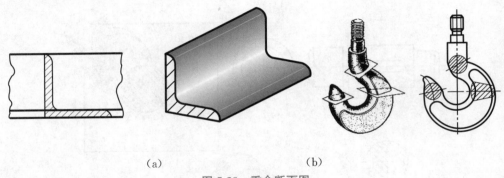

（a）　　　　　　　　　　　　（b）

图 5-30　重合断面图

其轮廓线用细实线绘制，当视图中的轮廓线与重合断面轮廓线重叠时，视图中的轮廓线仍然应连续画出不可间断，如图 5-30（a）所示。

3. 断面图的标注

如图 5-31 所示，断面图的标注应注意如下情况：

①移出断面一般应用剖切符号表示剖切位置，用箭头表示投射方向并注上字母，在断面图的上方应用同样字母标出相应的名称"×-×"。

②配置在剖切符号或剖切平面迹线的延长线上的移出断面，如果断面图不对称可省略字母，但应标注投射方向；如果图形对称可省略标注。

③移出断面按投影关系配置，无论断面图是否对称，都可省略表示投射方向的箭头。

④配置在视图中断处的移出断面，可省略标注（见图 5-26）。

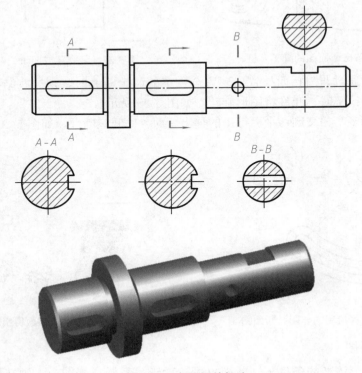

图 5-31　断面图的标注

5.3　其他表达方法

本节重点

（1）了解局部放大图的应用，学会识读局部放大图；

（2）了解常用图形的简化画法。

为了使图形清晰和画图简便，国家标准还规定了局部放大图、特殊画法和简化画法供绘图选用。

5.3.1　局部放大图

机件的部分结构用大于原图形所采用的比例画出的图形称为局部放大图。局部放大图可画成视图、剖视、断面的形式，它与被放大部分的表达方式无关。当机件上的某些细小结构在原图形中表示不清或不便于标注尺寸时，可采用局部放大图。

如图 5-32 所示，局部放大图应尽量配置在被放大部分的附近，用细实线圈出被放大的部位。当同一机件上有几个被放大的部位时，必须用罗马数字依次标明被放大的部位，并在局部放大图的上方标注出相应的罗马数字和采用的比例；当机件上被放大的部分仅有一处时，在局部放大图的上方只需注明所采用的比例；对于同一机件上不同部位的局部放大图，当图形相同或对称时，只需要画出一个。

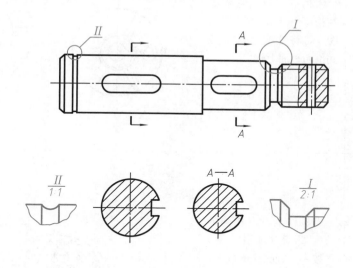

图 5-32　局部放大图

5.3.2　简化表示法（GB/T 16675.1—2012）

为了简化作图和提高绘图效率，对机件的某些结构在图形表达方法上进行简化，使图形既清晰又简单易画，常用的简化画法见表 5-2。

表 5-2　简 化 画 法

简化画法项目	规　定	图　例
肋、轮辐及薄壁	对于机件的肋、轮辐及薄壁等，如按纵向剖切，这些结构都不画剖面符号，而用粗实线将它与其邻接部分分开	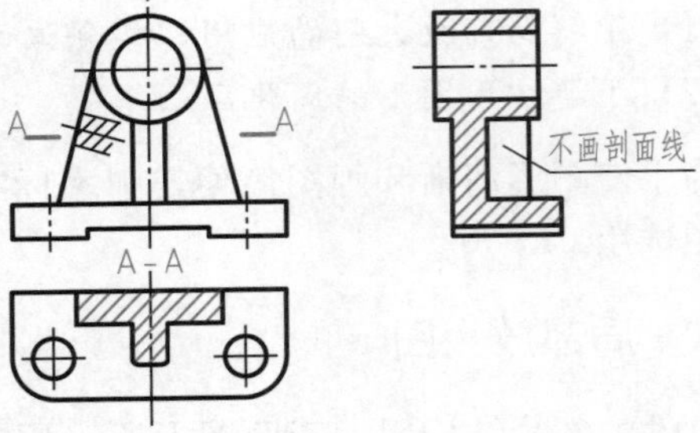
均匀分布的肋板和孔	当机件回转体上均匀分布的孔、肋和轮辐等结构不处于剖切平面上时，可将这些结构旋转到剖切平面上画出	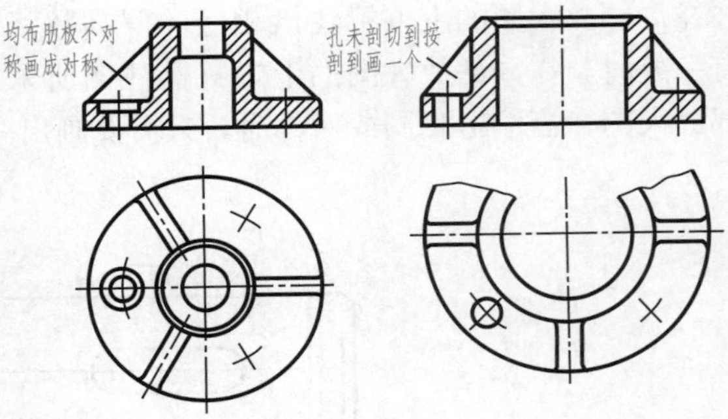
相同结构要素	当机件上具有相同的结构要素（如孔、槽）并按一定规律分布时，只需要画出几个完整的结构，其余的可用细实线连接或画出他们的中心位置，并在图中注明其总数	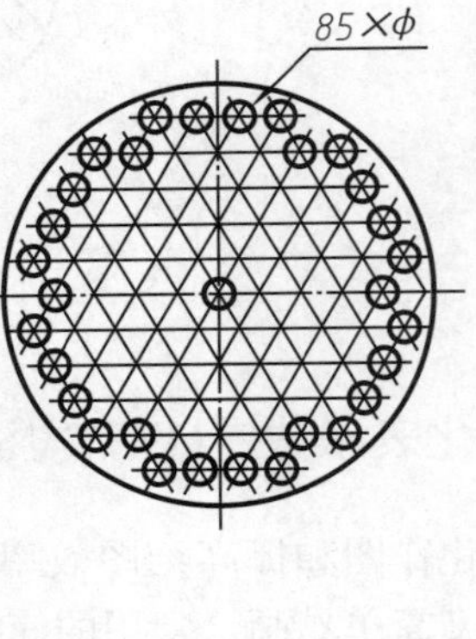

简化画法项目	规　定	图　　例
断开画法	较长的机件（轴、杆、型材等）沿长度方向的形状相同或按一定规律变化时，可断开后缩短绘制，断开后的结构应按实际长度标注尺寸；断裂边界可用波浪线、折线、双点画线绘制	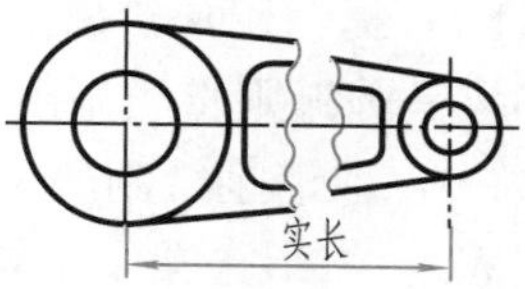 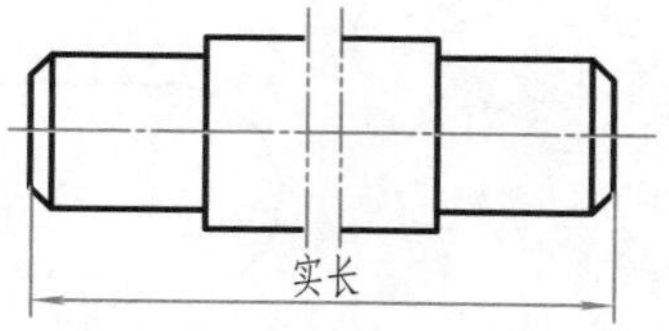 实长 （a） 实长 （b）
轴上平面	当回转体零件上的平面在图形中不能充分表达时，可用两条相交的细实线表示这些平面	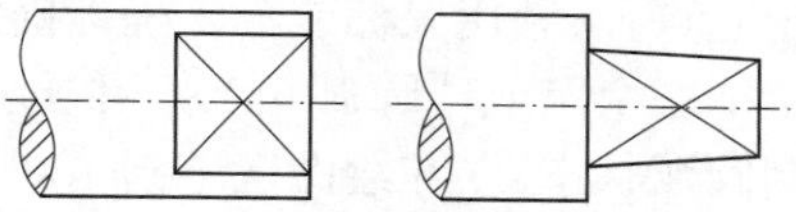
网状结构	机件上有网状物、编织物或滚花部分，可在轮廓线附近用粗实线示意画出，并在零件图或技术要求中注明这些结构的具体要求	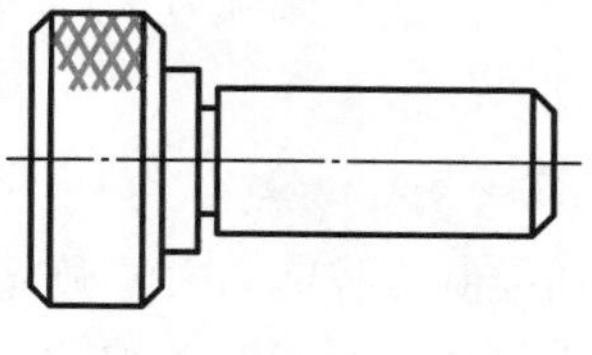

5.4　AutoCAD 高级绘图命令

本节重点

（1）会使用绘图命令绘制复杂图形；

（2）掌握图案填充和图案填充编辑。

1. 多段线（pline）

　　多段线是 AutoCAD 中较为重要的一种图形对象，由多个彼此首尾相连的、相同或不同宽度的直线段或圆弧段组成，并作为一个单一的整体对象使用。

单击"多段线" ➡ 按钮，各选项的功能及操作方法如下：

①圆弧（A）：由绘制直线转换成绘制圆弧。

②半宽（H）：将多段线总宽度的值减半。系统提示输入起点宽度和终点宽度。

③长度（L）：提示用户给出下一段多段线的长度。系统按照上一段的方向绘制这一段多段线，如果是圆弧则将绘制出与上一段圆弧相切的直线段。

④放弃（U）：取消刚绘制的一段多段线。

⑤宽度（W）：与半宽操作相同，只是输入的数值就是实际线段的宽度。

【例题 5-1】利用多段线命令绘制如图 5-33 所示键槽图形。

图 5-33　用多段线命令绘制键槽图形

【作法】

命令：PLINE ↙（输入多线命令）

指定起点：（利用鼠标或输入坐标确定绘图位置）

指定下一个点或［圆弧（A）/半宽（H）/长度（L）/放弃（U）/宽度（W）］：A 转换成绘制圆弧状态）（在绘图区绘制 180°圆弧）

指定下一个点或［圆弧（A）/半宽（H）/长度（L）/放弃（U）/宽度（W）］：L（转换成绘制直线状态）（在绘图区绘制与圆弧相连接的直线）

指定下一个点或［圆弧（A）/半宽（H）/长度（L）/放弃（U）/宽度（W）］：A（转换成绘制圆弧状态）（在绘图区绘制另一个 180°圆弧）

指定下一个点或［圆弧（A）/半宽（H）/长度（L）/放弃（U）/宽度（W）］：CL ↙（绘制封闭图形）

2. 样条曲线（spline）

由一系列控制点控制，并在规定拟合公差之内拟合形成的光滑曲线，称为样条曲线。

样条曲线的选项不多，各项含义如下：

①闭合（C）：自动将最后一点定义为与第一点相同，并且在连接处相切，以此使样条曲线闭合。

②拟合公差（F）：修改当前样条曲线的拟合公差。选定此项并输入新的拟合公差后，将按照新的公差值拟合现有的点。

3. 剖面线（bhatch）

工程图纸表示剖面类型的剖面线，实质就是以指定的图案来充满某个指定区域，所以 AutoCAD 称之为图案填充。

下面以图 5-34 所示的键槽断面图为例，讲述图案填充的操作方法。

单击绘图工具栏中"图案填充" ▨ 按钮，系统弹出如图 5-35 所示的"图案填充和渐变色"对话框。

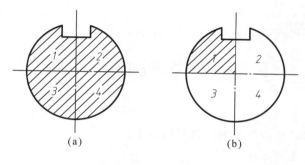

(a)　　　　　　　　　　(b)

图 5-34　键槽剖面图

对话框中的"类型""图案"和"样例"三者是联动的，因此单击"样例"图形框中的图案，系统弹出如图 5-36 所示的"填充图案选项板"对话框。在填充图案列表框中选择所需要的图案样式，单击"确定"按钮，返回"图案填充和渐变色"对话框。

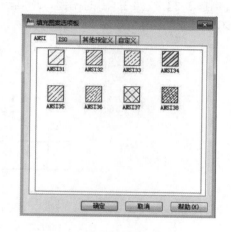

图 5-35　"图案填充和渐变色"对话框　　　　图 5-36　"填充图案选项板"对话框

（1）选择对象

选择"图案填充和渐变色"对话框中"选择对象"  按钮，对话框关闭，移动光标选择如图 5-34（a）所示图形的边界，封闭圆形边界线呈虚线状态，单击鼠标右键，在弹出的快捷菜单中选择"确认"，再次打开"图案填充和渐变色"对话框，单击"确定"按钮，即可在选择的边界内添加剖面线图案。

（2）拾取一个内部点

选择"图案填充和渐变色"对话框中"拾取点"按钮，对话框关闭，移动光标到如图 5-34（b）所示的 1 区域，单击鼠标左键，封闭区域的边界线呈虚线状态，单击鼠标右键，在弹出的快捷菜单中选择"确认"，再次打开"图案填充和渐变色"对话框，单击"确定"按钮，即可在选择区域内添加剖面线图案。

4. 其他绘图命令

其他绘图命令还有：构造线（xline）、点（point）、圆环（dcount）、椭圆（ellipse）、

多线（mline）、射线（ray）、修订云线（revcloud）、面域和边界（region）等。这些命令的操作可查阅有关资料或 AutoCAD 的帮助命令。

5.5　计算机画剖视图

本节重点

（1）掌握采用对象追踪来绘制三视图的方法；

（2）掌握图案填充的方法。

要能应用恰当的表达方法正确、快速绘制机件剖视图，首先要熟练掌握形体分析法，读懂组合体各个形体的形状，以及它们之间的连接方式，明确应用何种图样画法能完整、清晰地表示机件的内外形状，灵活应用计算机绘图的"绘图""修改"及"标注"等技能，逐步画出机件的剖视图。

5.5.1　剖视图的绘制

【例题 5-2】按照 1∶1 的比例，抄画图 5-37 所示的主、俯视图，补画全剖视图的左视图（不注尺寸），将所绘图形存盘。

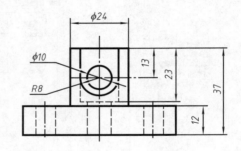

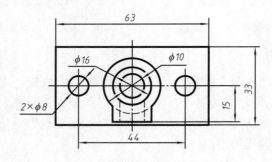

图 5-37　补画全剖视图的左视图

【作法】

①形体分析，构建机件立体模型。由主、俯视图可知，该机件由底板、圆筒和 U 型凸台叠加而成［图 5-38（a）］。从俯视图的同心圆对应的主视图的矩形线框可知，圆筒为内有阶梯孔的圆柱；U 型凸台位于圆筒正前方，上面的小孔与圆筒中阶梯孔中的大孔相通［图 5-38（b）］；底板为四棱柱，上面对称分布两个小孔。

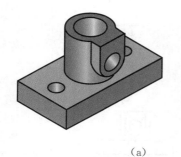　　　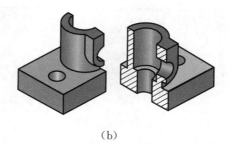

（a）　　　　　　　　　　　　　　　（b）

图 5-38　机件模型

②根据图形的总体尺寸，选择适当的样板图，绘图步骤见表 5-3。

表 5-3　补画全剖视的左视图　　　　　　　　　　　单位：mm

步骤	图层	绘图命令		绘图效果	备注
第一步画出底板的主、俯视图	粗实线层	命令行：rectang			矩形线框的主视图（63×12）、俯视图（63×33）。画俯视图利用对象追踪来捕捉主视图矩形左下角点
		工具栏：绘图→▣ 按钮			
		下拉菜单：绘图→矩形			
第二步画圆筒的主、俯视图	粗实线层、点画线层	命令行：line、circle			利用对象追踪俯视图确定圆心位置
		工具栏：绘图→╱ 按钮；绘图→◉ 按钮			
		下拉菜单：绘图→圆；绘图→直线			
第三步画 U 型凸台的主、俯视图	粗实线层、点画线层、虚线层	命令行：pline、line、trim、arc			捕捉主视图上圆柱顶面中点为追踪起点，右移光标作为多段线起点，用多段线画 U 型凸台的主视图
		工具栏：绘图→↩ 按钮；绘图→╱ 按钮；修改→⊬ 按钮			
		下拉菜单：绘图→多段线；绘图→直线；修改→修剪；绘图→圆弧→起点、端点、半径			

步骤	图层	绘图命令	绘图效果	备注
第四步 孔的主、俯视图		命令行：circle、line	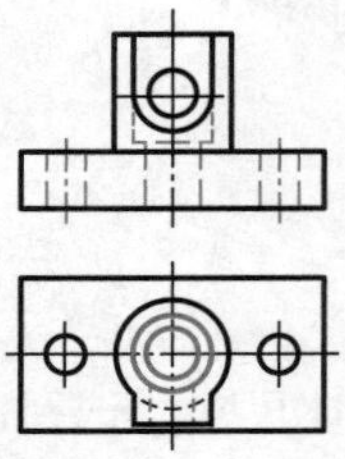	先画俯视图中各孔的投影，设置虚线层，画主、俯视图上的虚线框，最后在点画线层上画孔的中心线及轴线
		工具栏：绘图→ ⊘ 按钮；绘图→ ╱ 按钮		
		下拉菜单：绘图→圆；绘图→直线		
第五步 补画全剖视图的左视图	粗实线层	命令行：copy、rotate		向右复制俯视图，并将其旋转 90°
		工具栏：修改→ ⬛ 按钮；修改→ ⟳ 按钮		
		下拉菜单：修改→复制；修改→旋转		
		命令行：line	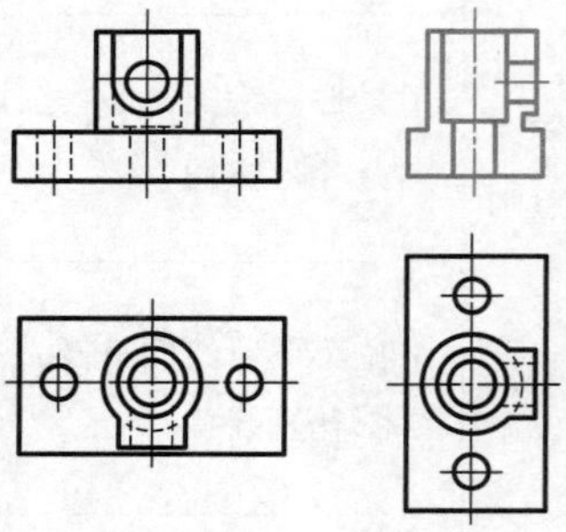	用"对象捕捉"和"对象追踪"方式，按投影关系画出左视图的外轮廓线
		工具栏：绘图→ ╱ 按钮		
		下拉菜单：绘图→直线		
		命令行：arc、trim		拾取左视图两孔轮廓线交点作为圆弧的起点和终点，中间点利用投影关系指定
		工具栏：修改→ ⊬ 按钮		
		下拉菜单：绘图→圆弧→三点；修改→修剪		

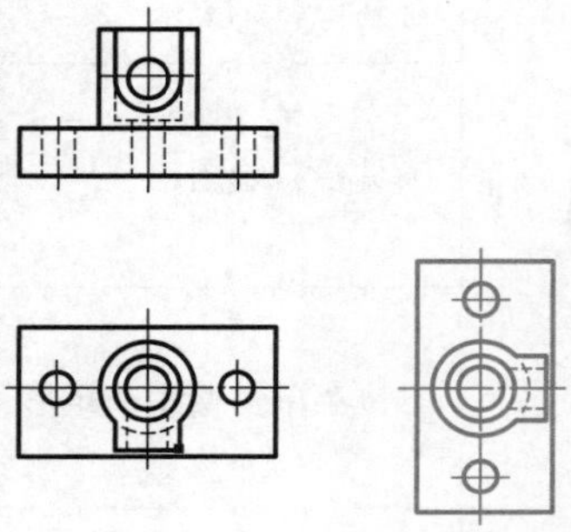

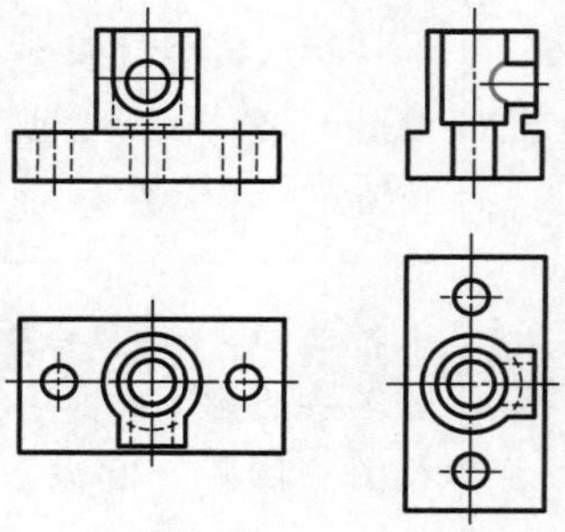

步骤	图层	绘图命令	绘图效果	备注
剖面线层		命令行：bhatch	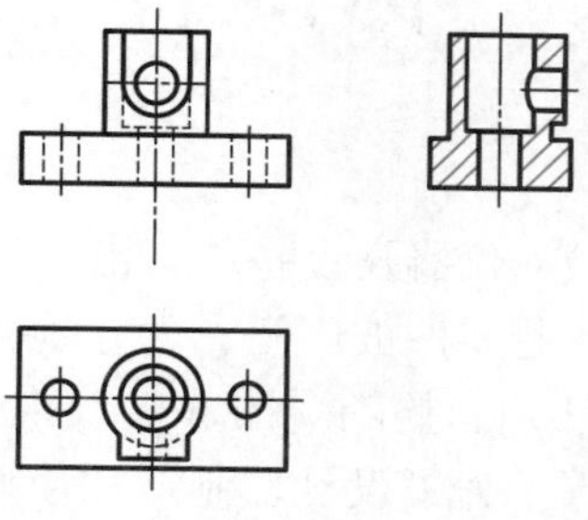	在"类型和图案"选择框中，选取填充图案；在"角度和比例"选择框中，输入恰当的数值；用光标选择需要填充的区域
		工具栏：绘图→ ▦ 按钮		
		下拉菜单：绘图→图案填充		

5.5.2　表达方法的应用

【例题 5-3】用恰当的表示方法，将上题中的主、俯视图画成适当的剖视图，所绘图形存盘。

【作法】

①分析视图可知，该机件形体特点为左右对称，前后不对称。因此，主视图可以改画成半剖视图，表达机件部分外形轮廓及内部形状；俯视图可以改画成局部剖视图，表达 U 形凸台上面的小孔与圆筒中阶梯孔中的大孔相通，同时保留机件底板的外部形状。

②改画步骤见表 5-4。

表 5-4　主、俯视图画成适当的剖视图　　　　　　　　　　　　单位：mm

步骤	图层	绘图命令	绘图效果	备注
第一步 将主视图画成半剖视图	粗实线层 剖面线层	命令行：trim、properties、bhatch	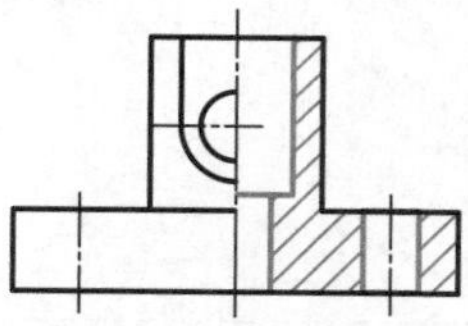	剪去主视图中心线右边多余线段及左边底板上的小孔，将阶梯孔和小孔的虚线利用"特性"改为粗实线，画剖面线
		工具栏：修改→ ⊢ 按钮；绘图→ ▦ 按钮		
		下拉菜单：修改→修剪；修改→特性；绘图→图案填充		
第二步 将俯视图画成局部剖视图	粗实线层 细实线	命令行：spline、properties、bhatch		利用样条曲线绘制局部剖视图断裂处波浪线
		工具栏：绘图→ ⊢ 按钮，绘图→ ▦ 按钮		
		下拉菜单：绘图→样条曲线；修改→特性；绘图→图案填充；		
		工具栏：绘图→ ▦ 按钮		
		下拉菜单：绘图→图案填充		

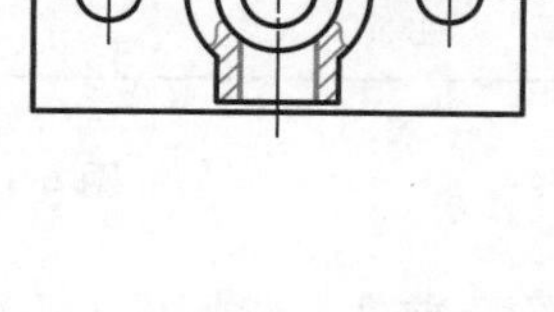

第6章 标准件、常用件及其规定画法

在各种机械、仪器及设备中，由于机器的功能不同，组成零件的数量、种类、形状均不同。但有一些零件被广泛、大量地在各种机器上频繁使用，如螺钉［图 6-1（a）］、螺母［图 6-1（b）］、垫圈［图 6-1（c）］、齿轮［图 6-1（f）］、轴承［图 6-1（d）］和键［图 6-1（e）］等。为了设计、制造和使用方便，这些零件中在结构、尺寸、画法和标记方面都完全标准化的称为标准件；有的已将部分重要结构参数标准化、系列化，如齿轮［图 6-1（f）］等，称为常用件。

传动机构

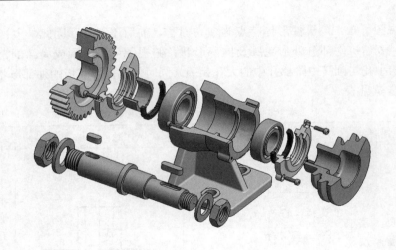

标准件					常用件
(a)螺钉	(b)螺母	(c)垫圈	(d)轴承	(e)键	(f)齿轮

图 6-1 标准件与常用件

本章主要介绍标准件与常用件的有关基本知识、规定画法、代号与标记。

6.1　螺纹及螺纹紧固件（GB/T 4459.1—1995）

本节重点

（1）掌握螺纹的规定画法、标注和查表方法；

（2）熟悉常用螺纹紧固件的种类、标记与查表方法。

6.1.1　螺纹的形成及基本要素

1. 螺纹的形成

螺纹是零件上常见的一种结构，有外螺纹和内螺纹两种，一般成对使用。在圆柱或圆锥外表面上加工的螺纹称为外螺纹，在圆柱或圆锥内表面上加工的螺纹称为内螺纹。螺纹的表面可分为凸起和沟槽两部分。凸起部分的顶端称为牙顶，沟槽部分的底部称为牙底。

在车床上车削螺纹，是常见的加工螺纹的一种方法，如图 6-2 所示。

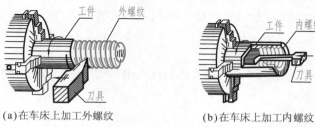

(a)在车床上加工外螺纹　　　　(b)在车床上加工内螺纹

图 6-2　车床上车削螺纹

为了防止螺纹端部损坏和便于安装，通常在螺纹的起始处做出圆锥形的倒角或球面形的倒圆，如图 6-3 所示。

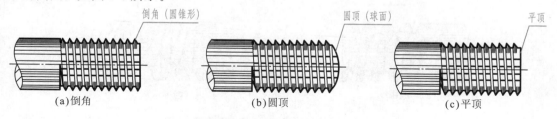

(a)倒角　　　　　　　　(b)圆顶　　　　　　　　(c)平顶

图 6-3　螺纹的端部

当车削螺纹的刀具快要到达螺纹终止处时，要逐渐离开工件，因而螺纹终止处附近的牙型将逐渐变浅，形成不完整的螺纹牙型，这一段螺纹称为螺尾［图 6-4（a）］。为了避免出现螺尾，可以在螺纹终止处事先车削出一个槽，以便于刀具退出，这个槽称为螺纹退刀槽［图 6-4（b）］。

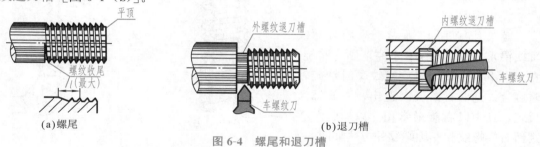

(a)螺尾　　　　　　　　　　　　(b)退刀槽

图 6-4　螺尾和退刀槽

2. 螺纹的基本要素

螺纹的基本要素有牙型、直径、线数、螺距（导程）和旋向，以最常用的圆柱螺纹为例（图 6-5）。

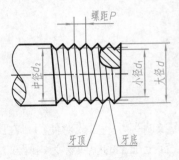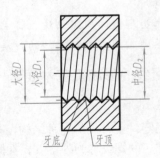

图 6-5　螺纹的要素

（1）牙型

在通过螺纹轴线的断面上螺纹的轮廓形状，称为螺纹牙型。常见的螺纹牙型有三角形、梯形和锯齿形等。

（2）直径

螺纹的直径有大径（d、D）、中径（d_2、D_2）和小径（d_1、D_1），如图 6-5 所示。螺纹的公称直径一般为大径。

（3）线数（n）

螺纹有单线和多线之分。沿一条螺旋线所形成的螺纹称单线螺纹 ［图 6-6（a）］；沿两条以上螺线形成的螺纹称多线螺纹。螺纹的线数以 n 表示。图 6-6（b）所示是双线螺纹。

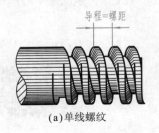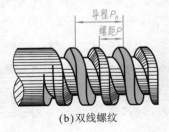

(a)单线螺纹　　　　　　　　　　　(b)双线螺纹

图 6-6　螺纹的线数、螺距与导程

（4）螺距（P）与导程（S）

螺纹的相邻牙在中径上的对应点之间的轴向距离 P 称为螺距。同一条螺旋线上相邻两牙在中径线上的对应点之间的轴向距离 P_h 称为导程。螺距与导程的关系为：螺纹导程＝螺距×线数，即 $P_h = P \cdot n$。

（5）旋向

螺纹有右旋和左旋之分，将外螺纹轴线铅垂放置，螺纹右上左下则为右旋，左上右下为左旋。右旋螺纹顺时针旋转时旋合，逆时针旋转时退出，左旋螺纹反之，其中以右旋最常用。以右、左手判断右旋螺纹和左旋螺纹的方法如图 6-7

(a) 左旋　　　　　　(b) 右旋

图 6-7　螺纹的旋向

所示。工程上常用右旋螺纹。右旋不标注，左旋标注 LH。

6.1.2　螺纹的规定画法

绘制螺纹的真实投影是十分繁琐的事情，并且在实际生产中也没有必要这样做。为了便于绘图，国家标准（GB/T 4459.1—1995）对螺纹的画法作了规定。

1. 外螺纹画法

如图 6-8 所示，外螺纹的牙顶圆用粗实线表示，螺纹的牙底圆用细实线表示（通常按牙顶圆的 0.85 倍绘制），螺杆的倒角或倒圆部分也应画出。在垂直于螺纹轴线的投影面的视图中，表示牙底圆的细实线只画约 3/4 圈（空出约 1/4 圈的位置不作规定）。此时，螺杆的倒角投影省略不画。螺纹终止线用粗实线表示。

当外螺纹被剖切时，剖切部分的螺纹终止线只画到小径处，剖面线画到表示牙顶的粗实线处［图 6-8 (b)］。

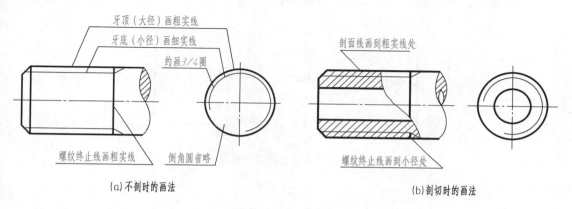

(a) 不剖时的画法　　(b) 剖切时的画法

图 6-8　外螺纹的画法

2. 内螺纹画法

如图 6-9 所示，在剖视图中，内螺纹牙顶圆的投影用粗实线表示，牙底圆的投影用细实线表示，螺纹终止线用粗实线绘制，剖面线应画到表示小径的粗实线为止。在垂直于螺纹轴线的投影面的视图上，表示大径的细实线圆只画约 3/4 圈，表示倒角的投影省略不画。

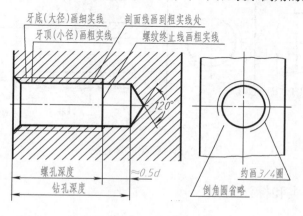

图 6-9　内螺纹画法

　　绘制不穿通螺孔时，应将钻孔深度与螺纹部分的深度分别画出，如图 6-10 所示。钻孔深度一般比螺孔深度深 0.5D，钻头头部形成的锥顶角画成 120°。

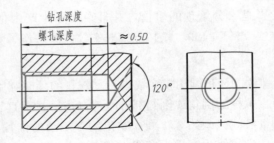

图 6-10　不穿通的螺孔画法

　　当内螺纹为不可见时，螺纹的所有图线均用虚线绘制，如图 6-11 所示。

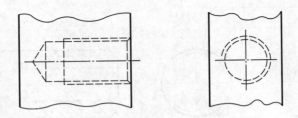

图 6-11　不可见内螺纹用虚线表示

3. 螺纹连接画法

　　要素相同的内外螺纹方能连接。内、外螺纹连接通常采用剖视图表示。旋合部分按外螺纹绘制，未旋合部分按各自的画法表示（图 6-12）。画图时必须注意，内、外螺纹的牙底、牙顶粗、细实线应对齐，以表示相互连接的螺纹具有相同的大径和小径。

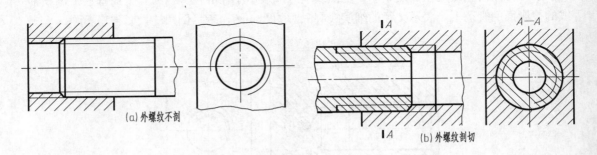

图 6-12　螺纹连接画法

6.1.3　螺纹的种类和标注

　　螺纹按用途可分为连接螺纹和传动螺纹。常用螺纹的种类、标注示例、代号的识别及功用见表 6-1。

表 6-1　螺纹的种类和标注

螺纹种类及特征代号		标注示例	代号识别	功用
连接螺纹	普通螺纹（M）	*M20-5g6g-S*	粗牙普通螺纹，公称直径为 20，右旋，中径、顶径公差带分别为 5g、6g，短旋合长度	最常用的连接螺纹。细牙螺纹的螺距较粗牙更小，切深较浅，用于细小的精密零件或薄壁零件上
		M20×2LH-7H	细牙普通螺纹，公称直径为 20，螺距 2，左旋，中径、顶径公差带皆为 6H，中等旋合长度	
	管螺纹 非螺纹密封的管螺纹（G）	*G1$\frac{1}{2}$A*	非螺纹密封的管螺纹，尺寸代号为 1$\frac{1}{2}$，公差为 A 级，右旋	非螺纹密封的管螺纹常用于电线管等不需要密封的管路系统中
		G1$\frac{1}{2}$-LH	非螺纹密封的管螺纹，尺寸代号为 1$\frac{1}{2}$，左旋	

螺纹种类及特征代号		标注示例	代号识别	功用
连接螺纹	管螺纹	用螺纹密封的管螺纹（R_1）（R_2）（R_C）（R_P）	$R_11/2\text{-}LH$	圆锥外螺纹，尺寸代号为 $\frac{1}{2}$，左旋 R_1——与 R_P 相配合的圆锥外螺纹 R_2——与 R_C 相配合的圆锥外螺纹	用螺纹密封的管螺纹常用于日常生活中的水管、煤气管和润滑油管等
			$RC1/2$	圆锥内螺纹，尺寸代号为 $1\frac{1}{2}$，右旋	
			$RP1^1/2$	圆柱内螺纹，尺寸代号为 $1\frac{1}{2}$，右旋	
传动螺纹	梯形螺纹（Tr）		$Tr36\times12P6\text{-}7H$	梯形螺纹，公称直径为 36，双线，导程 12，螺距 6，右旋，中径公差带为 7H，中等旋合长度	用来传递双向动力，各种机上的丝杠多采用这类螺纹
	锯齿形螺纹（B）		$B40\times7LH\text{-}8c$	锯齿形螺纹，公称直径为 70，单线，螺距 7，左旋，中径公差带为 8c，中等旋合长度	只能传递单向动力，例如螺旋压力机的传动丝杠、千斤顶的螺杆等就采用这类螺纹

6.1.4　常用螺纹紧固件及其连接画法

紧固件的种类很多，常用的螺纹紧固件有螺栓、双头螺柱、螺钉、螺母、垫圈等，见表 6-2。这些零件均属于标准件，其结构形状和尺寸大小可以按其规定标记在相应标准中查出。

1. 常用螺纹紧固件

螺纹紧固件的标记内容为：名称　国标编号　规格尺寸。

常用螺纹紧固件的标记见表 6-2。

表 6-2　常用螺纹紧固件的标记

名称	图例	标记示例
六角头螺栓	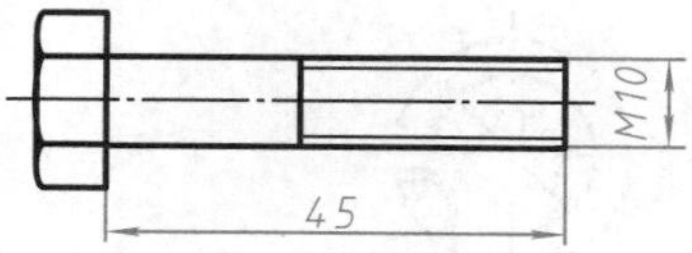	螺栓 GB/T 5780 M10×45
双头螺柱	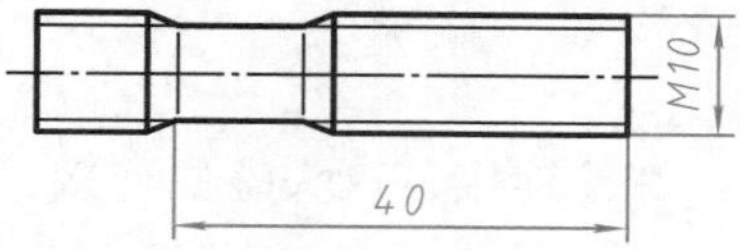	螺柱 GB/T 898 M10×40
开槽沉头螺钉	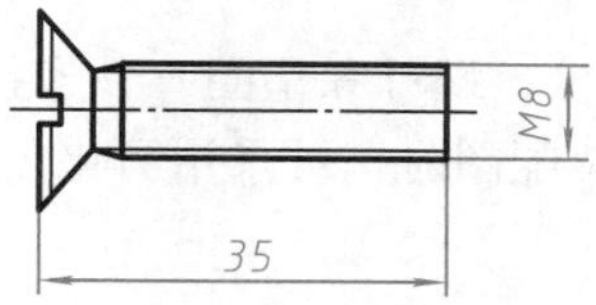	螺钉 GB/T 68 M8×35
内六角圆柱头螺钉	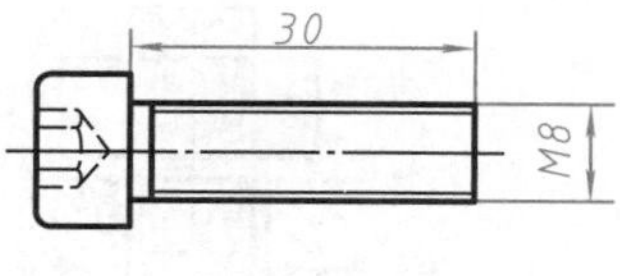	螺钉 GB/T 70.1 M8×30
开槽平端紧定螺钉	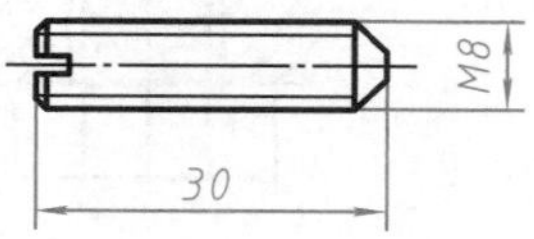	螺钉 GB/T 73 M8×30
I 型六角螺母	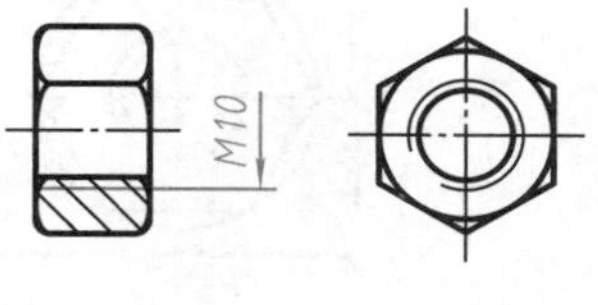	螺母 GB/T 6170 M10

名称	图例	标记示例
Ⅰ型六角开槽螺母		螺母 GB/T 6178 M10
平垫圈		垫圈 GB/T 97.1 12
标准型弹簧垫圈		垫圈 GB/T 93 20

2. 识读螺纹紧固件的连接画法

螺纹紧固件连接的基本形式有：螺栓连接、双头螺柱连接、螺钉连接。采用何种连接，通常按照需要选定。

（1）螺栓连接

如图 6-13 所示，螺栓连接采用螺栓、螺母和垫圈三种连接件，一般用于连接不太厚并钻成通孔的零件。在绘制螺栓连接装配图时，可采用简化画法（图 6-14），绘制螺栓连接的过程，如图 6-15 所示。

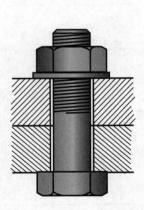

图 6-13　螺栓连接示意图

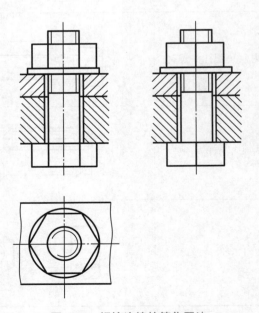

图 6-14　螺栓连接的简化画法

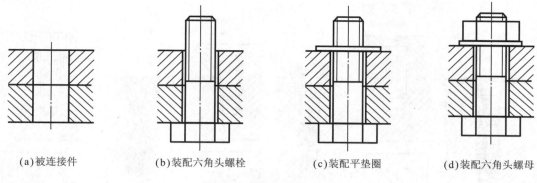

(a)被连接件　　　　(b)装配六角头螺栓　　　　(c)装配平垫圈　　　　(d)装配六角头螺母

图 6-15　绘制螺栓连接过程

（2）双头螺柱连接

如图 6-16 所示，双头螺柱连接通常采用双头螺柱、螺母和弹簧垫圈三种连接件，一般用于连接两个被连接件中有一个较厚，不允许钻成通孔的零件。在绘制双头螺柱连接装配图时，可采用简化画法（图 6-17）。绘制双头螺柱连接的过程，如图 6-18 所示。

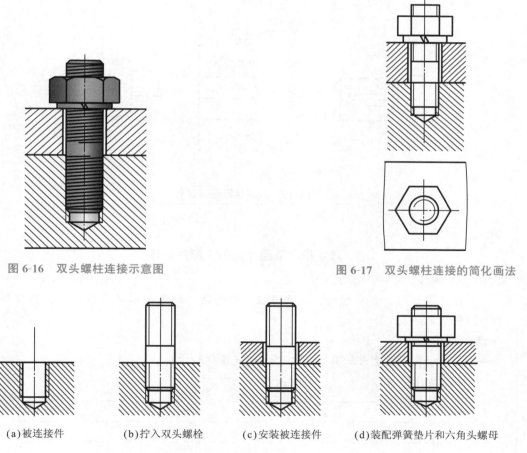

图 6-16　双头螺柱连接示意图　　　　　　图 6-17　双头螺柱连接的简化画法

(a)被连接件　　　(b)拧入双头螺栓　　　(c)安装被连接件　　　(d)装配弹簧垫片和六角头螺母

图 6-18　绘制双头螺柱连接过程

（3）螺钉连接

螺钉用以连接一个较薄、一个较厚的两个零件，常用于受力不大和不需要经常拆卸的场合。螺钉的种类很多，如图 6-19 所示。

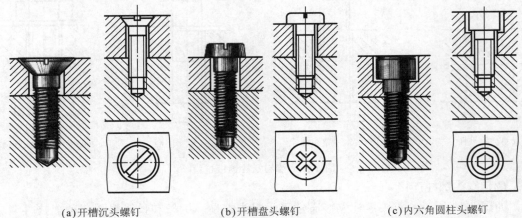

(a)开槽沉头螺钉　　　　(b)开槽盘头螺钉　　　　(c)内六角圆柱头螺钉

图 6-19　螺钉及其连接画法

紧定螺钉也是机器中经常使用的一种螺钉，常用于防止两个相配零件产生相对运动。绘制紧定螺钉连接过程，如图 6-20 所示。

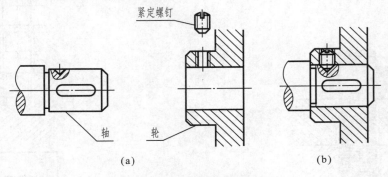

(a)　　　　　　　　　　　　(b)

图 6-20　紧定螺钉连接过程

 课堂活动

常用螺纹紧固件查表、标注训练

◇ **材料工具**（2 人一小组）：

每组分得螺栓、各种螺钉、双头螺柱、平垫圈、六角头螺母等不同规格标准件若干，游标卡尺一把。

◇ **活动要求：**

- 用游标卡尺测量出标准件的尺寸，查表获得标准件标记。
- 将标准件的名称、标记、数量列在下表中。

序号	名称	标记	数量

6.2　键连接和销连接

本节重点

（1）了解键、销的标记；

（2）了解平键与平键连接、销与销连接的规定画法。

6.2.1　键连接

键通常用来连接轴和轴上传动件，起传递扭矩的作用，如图 6-21 所示。

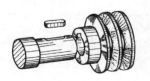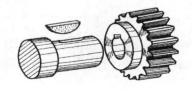

图 6-21　键连接图解

键是标准件，常用的键有普通平键、半圆键和钩头楔键等，如图 6-22 所示。常用键的图例与标记见表 6-3。本节主要介绍应用最多的 A 型普通平键及其连接画法。

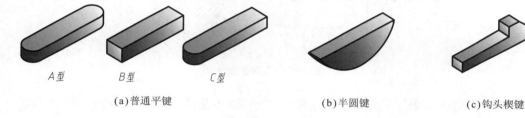

A 型	B 型	C 型		
(a) 普通平键			(b) 半圆键	(c) 钩头楔键

图 6-22　常用的键

表 6-3　常用键的图例与标记示例

名称	图例	标注示例	连接示意图
普通平键		$b = 16\text{mm}$、$h = 10\text{mm}$、$L = 100\text{mm}$ 普通 A 型平键的标记： 键 $16 \times 10 \times 100$ GB/T 1096	
半圆键		$b = 6\text{mm}$、$h = 10\text{mm}$、$L = 25\text{mm}$ 普通型半圆键的标记： 键 $6 \times 10 \times 25$ GB/T 1099.1	

续表

名称	图例	标注示例	联结示意图
钩头楔键	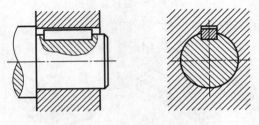	$b=16$mm、$h=10$mm、$L=100$mm 钩头型楔键的标记： 键 16×100 GB/T 1565	

图 6-23 是普通平键连接的装配图画法。普通平键的两个侧面是工作面，在装配图中，键与键槽侧面之间应不留间隙；而键的顶面是非工作面，它与轮毂的键槽顶面之间应留有间隙。

图 6-23　普通平键连接画法

轴上的键槽和轮毂上的键槽的画法和尺寸注法（未注尺寸数字），如图 6-24 所示。

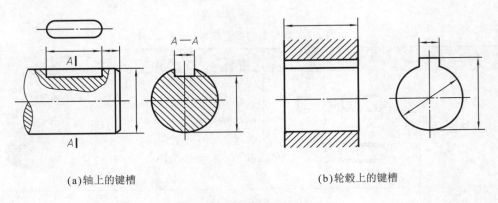

(a)轴上的键槽

(b)轮毂上的键槽

图 6-24　键槽的画法与尺寸注法

6.2.2　销连接

常用的销有圆柱销、圆锥销和开口销等，它们都是标准件。圆柱销和圆锥销通常用于零件之间的连接或定位。开口销常用于螺纹连接装置中，以防螺母的松动。常用销的型式、标记和连接画法见表 6-4。

表 6-4　常用销的型式、标记和连接画法

名称	图例	标记示例	连接画法
圆柱销 (GB/T 119.1—2000)	$\gamma \approx 15°$ $c \quad l \quad c$	销 GB/T 119.1　m6×30 说明：公称直径 $d=6$、公差为 m6、公称长度 $l=$ 30、材料为钢、不经淬火，不经表面处理的圆柱销	
圆锥销 (GB/T 117—2000)	Ra 0.8　1:50 R_1　R_2 d　$a \quad l \quad a$	销 GB/T 117 10×60 说明：公称直径 $d=10$、公称长度 $l=60$、材料为 35 钢、热处理 28 ~ 38HRC、表面氧化处理的 A 型圆锥销	
开口销 (GB/T 91—2000)	$b \quad l \quad a$ c d	销 GB/T 91 4×40 说明：公称直径 $d=4$、公称长度 $l=40$、材料为低碳钢、不经表面处理的开口销	

6.3　齿轮（GB/T 4459.2—2003）

本节重点

（1）了解标准直齿圆柱齿轮轮齿部分的名称与尺寸关系；

（2）能识读和绘制单件和啮合的标准直齿圆柱齿轮图。

齿轮是机器中的传动零件，由于齿轮能传递力矩，改变转速和旋转方向，而且传动平稳、可靠，所以在机械传动中被广泛使用。图 6-25 为齿轮传动的应用实例。最常见的有直齿圆柱齿轮、斜齿圆柱齿轮、锥齿轮和蜗轮蜗杆等。圆柱齿轮［图 6-25（a）］可以传递两平行轴之间的运动；锥齿轮［图 6-25（b）］传递两相交轴之间的运动；而蜗轮、蜗杆［图 6-25（c）］则传递两交叉轴之间的运动。

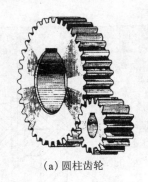
（a）圆柱齿轮

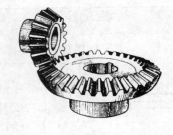
（b）锥齿轮

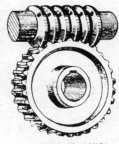
（c）蜗轮、蜗杆

图 6-25　常见的齿轮传动

圆柱齿轮的齿形有直齿、斜齿和人字齿等，如图 6-26 所示。本节着重介绍直齿圆柱齿轮各部分的尺寸及画法。

图 6-26　圆柱齿轮

6.3.1　直齿圆柱齿轮各部分的名称和尺寸关系

直齿圆柱齿轮各部分的名称和尺寸关系见表 6-5。

表 6-5　直齿圆柱齿轮各部分的名称和尺寸关系

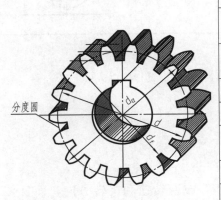

名称	代号	计算公式	说　明
齿数	z	根据设计要求或测绘而定	轮齿的数量
模数	m	根据强度计算或测绘而得	反映轮齿的大小，标准化数值
分度圆	d	$d = m \cdot z$	设计加工时，计算齿轮尺寸的基准圆
齿顶圆	d_a	$d_a = m\,(z+2)$	通过齿轮顶部的圆
齿根圆	d_f	$d_a = m\,(z-2.5)$	通过齿轮根部的圆
中心距	a	$a = (d_1+d_2)/2 = m(z_1+z_2)/2$	两啮合齿轮轴线间的距离
标准模数 m			
第一系列	1 1.25 1.5 2 2.5 3 4 5 6 8 10 12 16 20 25 32 40 50		
第二系列	1.75 2.25 2.75 （3.25） 3.5 （3.75） 4.5 5.5 （6.5） 7 9 （11） 14 18 22 28 （30） 36 45		

注：模数应优先选用第一系列，其次选用第二系列。括号内的模数尽可能不用。

分度圆

6.3.2　直齿圆柱齿轮的规定画法

1. 单个齿轮的画法

国家标准规定齿轮画法如图 6-27 所示。通常采用两个视图表示单个齿轮，一个视图画成全剖视图，轮齿按不剖处理。用粗实线表示齿顶线和齿根线，用点画线表示分度线。若画成视图，则齿根线可省略不画，如图 6-27 所示；在表示齿轮端面的视图中，齿顶圆用粗实线，齿根圆用细实线或省略不画，分度圆用点画线画出。

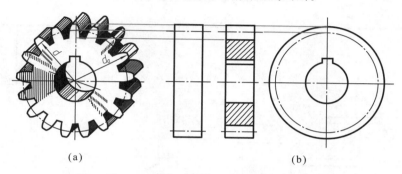

图 6-27　单个直齿圆柱轮齿轮的画法

2. 齿轮的啮合画法

国家标准规定齿轮啮合画法如图 6-28 所示。当主视图采用剖视图时，在啮合区内，将一个齿轮的轮齿用粗实线绘制，另一个齿轮的轮齿被遮挡的部分用虚线绘制［图 6-28（a）］，也可省略不画。在表示齿轮端面的视图中，齿根圆省略不画，啮合区内的齿顶圆均用粗实线绘制，节点圆用点画线画出，如图 6-28（a）左视图所示。为了使视图清晰，两个齿轮的齿顶圆在啮合内也可省略不画，但相切的两分度圆须用点画线画出，如图 6-28（b）所示。若主视图不作剖视（采用外形视图）时，则啮合区内的齿顶线不画，此时分度线用粗实线绘制，如图 6-28（c）所示。在剖视图中，啮合区的投影如图 6-29 所示。齿顶和齿根之间应有 $0.25m$ 的间隙，被遮挡的齿顶线（虚线）也可省略不画。直齿圆柱齿轮零件图如图 6-30 所示。

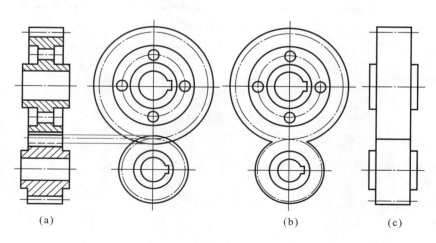

图 6-28　两个直齿圆柱齿轮啮合的画法

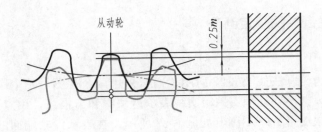

图 6-29 齿轮啮合区的画法

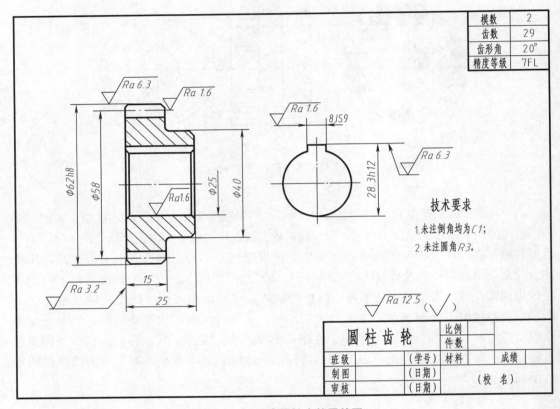

模数	2
齿数	29
齿形角	20°
精度等级	7FL

圆 柱 齿 轮

技术要求

1.未注倒角均为 C1;

2.未注圆角 R3.

图 6-30 直齿圆柱齿轮零件图

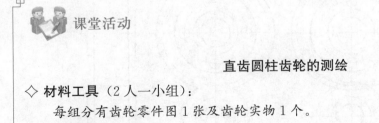 课堂活动

直齿圆柱齿轮的测绘

◇ **材料工具**（2 人一小组）：

　　每组分有齿轮零件图 1 张及齿轮实物 1 个。

◇ **活动要求：**

　• 抄画齿轮零件图，注出尺寸（不写尺寸数值）。

　• 数出齿数 z。

- 测量齿顶圆直径 d_a。偶数齿可直接测得 d_a，如图 6-31（a）所示；奇数齿则应先测出孔径 D_1 及孔壁到齿顶的径向距离 H，$d_a = 2H + D_1$，如图 6-31（b）所示。

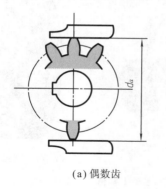 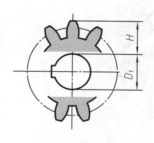

（a）偶数齿　　　　　　　　（b）奇数齿

图 6-31　齿轮齿顶圆的测量方法

- 确定模数 m。由公式 $m = d_a / (z+2)$ 得 m，根据表 6-5 中标准值校核，取较接近的标准模数。
- 计算轮齿各部分尺寸。根据模数和齿数，按表 6-5 中公式计算分度圆 d、齿顶圆 d_a、齿根圆 d_f，将算得的尺寸标注在所抄画的齿轮零件图上。
- 测绘齿轮其他各部分尺寸，查表标注键槽尺寸。
- 完成齿轮零件图上尺寸标注。

◇ **活动讨论：**

为何偶数齿与奇数齿的齿顶圆测量方法不同？

6.4　滚动轴承和弹簧

本节重点

（1）了解常用滚动轴承的类型、代号及其规定画法和简化画法；

（2）能识读弹簧的规定画法。

轴承有滑动轴承和滚动轴承两种（图 6-32），它们的作用是支持轴旋转及承受轴上的载荷。由于滚动轴承的摩擦阻力小，所以在生产中使用比较广泛。滚动轴承的种类很多，其结构大体相同，一般有外圈、内圈、滚动体和保持架组成，如图 6-33 所示。

6.4.1　滚动轴承的表示法（GB/T 4459.7—2017）

滚动轴承是标准组件，由专门的工厂生产，需用时可根据要求确定型号，选购即可。在设计机器时，不必画滚动轴承的零件图，只要在装配图中按规定的表示法画出即可。

滚动轴承有三种表示法：通用画法、特征画法和规定画法。通用画法和特征画法又称为简化画法。在同一图样中，一般只采用其中的一种画法。常用滚动轴承的画法，见表 6-6。

(a)滑动轴承

(b)滚动轴承

图 6-32　轴承

外圈
滚动体
内圈
保持架

图 6-33　滚动轴承结构

表 6-6　常用滚动轴承的画法（GB/T 4459.7—2017）

轴承类型	简化画法		规定画法	装配示意图
	通用画法	特征画法		
深沟球轴承 (GB/T 276—2013)				
圆锥滚子轴承 (GB/T 297—2015)				
推力球轴承 (GB/T 301—2015)				

6.4.2　滚动轴承的代号

滚动轴承的基本代号由类型代号、尺寸系列代号和内径代号三部分自左至右顺序排列组成。

下面举例说明滚动轴承的标记。

1. 滚动轴承 6208

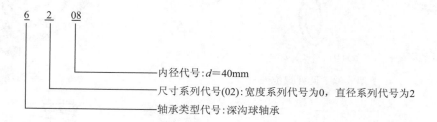

2. 滚动轴承 30312

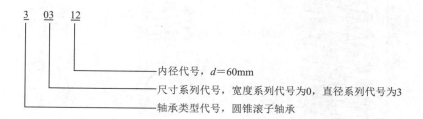

类型代号、尺寸系列代号和内径代号均可从相应标准中查取。但内径尺寸通常可直接从其代号（第一、二位数）中判定出来，即：00，01，02，03 分别表示内径 $d=10$，12，15，17（单位：mm）；代号数字为 04～480（22，28，32 除外）时，代号数字乘以 5 即为轴承内径。

6.4.3　弹簧的表示法（GB/T 4459.4—2003）

弹簧也是一种标准零件且用途很广，其作用是减震、夹紧、储能、测力等，其特点是利用材料的弹性和结构特点，通过变形来储存能量，当外力去除后能立即恢复原状。

弹簧的种类很多，常见的有金属螺旋弹簧（图 6-34）和涡卷弹簧等（图 6-35）。根据受力情况不同，圆柱螺旋弹簧又分为压缩弹簧［图 6-34（a）］、拉伸弹簧［图 6-34（b）］和扭转弹簧［图 6-34（c）］3 种。圆柱螺旋压缩弹簧的各部分名称及画法，如图 6-36 所示。

装配图中弹簧的画法，如图 6-37 所示。在装配图中，当弹簧中间各圈采用省略画法时，弹簧后面被挡住的结构一般不画，可见部分只画到弹簧钢丝的剖面轮廓或中心线处［图 6-37（a）］。螺旋弹簧被剖切时，簧丝直径小于 2mm 的剖面可以涂黑表示［图 6-37（b）］，当簧丝直径小于 1mm 时，可采用示意图画法［图 6-37（c）］。

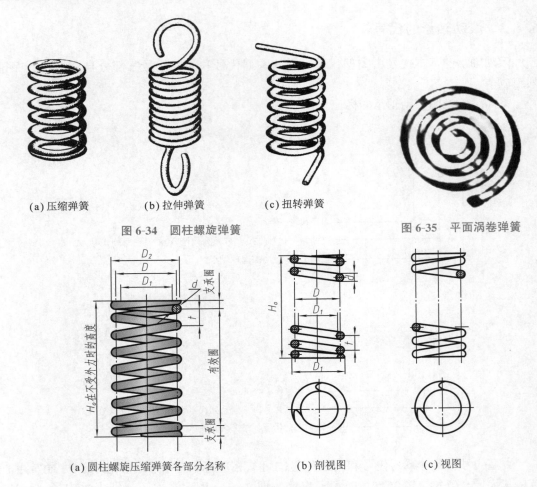

(a) 压缩弹簧　　(b) 拉伸弹簧　　(c) 扭转弹簧

图 6-34　圆柱螺旋弹簧

图 6-35　平面涡卷弹簧

(a) 圆柱螺旋压缩弹簧各部分名称　　(b) 剖视图　　(c) 视图

图 6-36　圆柱螺旋压缩弹簧各部分名称及画法

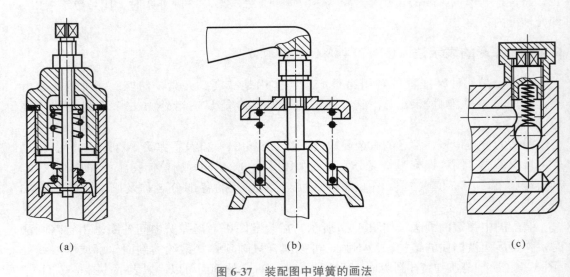

(a)　　　　　　　　　(b)　　　　　　　　　(c)

图 6-37　装配图中弹簧的画法

第7章 零件图

每一台机器或部件都是由许多零件，按照一定的装配关系和技术要求装配起来的。

7.1 零件图的作用和内容

本节重点

理解零件图的作用和内容。

7.1.1 零件图的作用

制造机器应首先制造零件，制造零件和检验零件所用的图样，称作零件图。零件图是表示零件结构、大小及技术要求的图样，它是指导生产的重要技术文件，如图7-1所示。

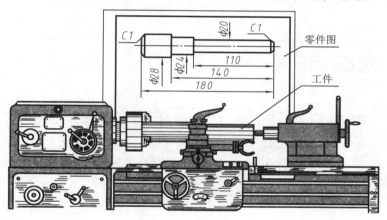

图7-1 零件图在生产中应用实例

图7-2所示的铣刀头是专用机床上的一个部件，其工作过程为：左端的带轮通过键连接，将电动机动力传递给阶梯轴，带动右端的铣刀盘进行铣削加工。其中重要零件——轴的零件图，如图7-3所示。

7.1.2 零件图的内容

从图7-3中可以看出，一张完整的零件图包括以下内容。

1. 图形

图形包括视图、剖视图、断面图等，目的是把零件各部分形状表达清楚、确切。

2. 尺寸

这些尺寸包括正确、完整、清晰、合理地确定零件各部分结构、形状的大小及相对位置的全部尺寸。

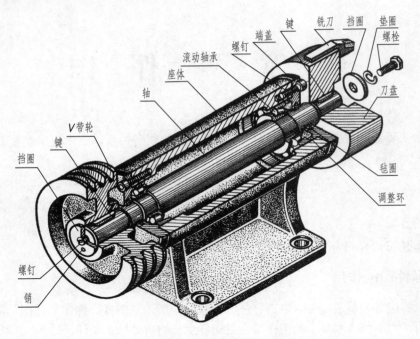

图 7-2　铣刀头轴测图

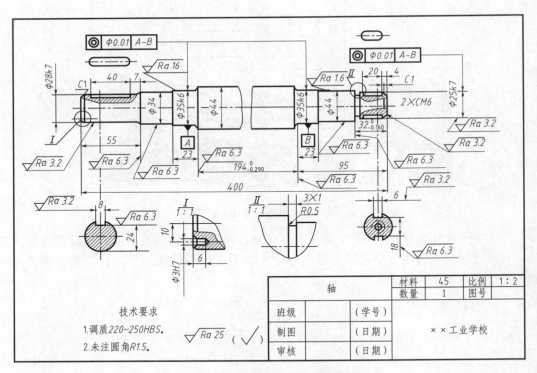

图 7-3　铣刀头中阶梯轴的零件图

3. 技术要求

用规定的代号、符号、数字、字母和文字说明零件在制造和检验时应达到的要求，如表面粗糙度、尺寸公差、形状和位置公差、材料及热处理等。

4. 标题栏

标题栏用于说明零件的名称、材料、数量、图号等 。

 课堂讨论

零件图的作用和内容

结合车间的机加工及实物拆装实训，考虑以下问题：

看零件图的目的是什么？零件图中哪些内容表达零件的结构？零件图中哪些内容反映零件加工信息？图 7-2 中铣刀头中阶梯轴零件与哪些零件有装配关系？

课堂任务

以铣刀头中阶梯轴零件图为例，完成表 7-1 中内容。

表 7-1　课堂任务单

项　　目	内　　容
零件图形分析	
零件尺寸分析	
零件配合表面分析	
零件技术要求分析	

7.2　零件图的视图选择原则和表示方法

本节重点

(1) 熟悉零件图的视图选择原则；

(2) 掌握典型零件的表示方法。

绘制图样是学习机械制图的主要目的之一，零件图是机械图样的重要组成部分，而零件图的主视图表达方案的选择是否恰当是图样绘制成功的关键。机械零件的种类很多，根据它们的形体特征、用途及加工制造等方面的特点，可以将常见的零件分成 4 种类型：轴套类、盘盖类、叉架类和箱体类，如图 7-4 所示。

(a) 轴套类零件　　　(b) 盘盖类零件　　　(c) 叉架类零件　　　(d) 箱体类零件

图 7-4　常见的零件类型

157

7.2.1　主视图的选择原则

主视图是零件的视图中最重要的视图，它应该能更多地表达出零件的总体结构形状，这对读图者快速消化图纸是非常关键的。选择零件图的主视图时，一般考虑以下原则。

1. 工作位置原则

工作位置原则即所选择的主视图应尽可能与零件在机器或部件中的工作位置相一致。例如铣刀头座体 [图 7-5（a）] 和支架 [图 7-5（b）] 等箱体类、叉架类零件，主视图多选择其工作位置。

（a）铣刀头座体主视图选择　　　　　　　（b）支架零件主视图选择

图 7-5　按工作位置选择主视图

当箱壳、支架类零件的工作状态为倾斜或不稳时 [图 7-6（a）]，应将零件摆正、放稳形成主视图，如图 7-6（b）所示。

（a）连杆的工作位置　　　　　　　（b）连杆摆正、放稳的位置

图 7-6　按零件摆正、放稳位置选择主视图

2. 加工位置原则

加工位置原则即所选择的主视图一般与零件在机械加工中所处的位置相一致。通常在车床或磨床上加工的轴、套类回转体零件，为了使得加工时看图方便，一般将主视图轴线水平放置，即主要按加工位置考虑，如图 7-7 所示。为了与大部分工序的位置一致，常使大端位于左边，这样主视图与工件在车床上的位置一致，便于零件图与工件的相互对应。

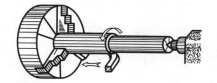

图 7-7　按加工位置选择主视图

3. 形状特征原则

形状特征原则即所选择的主视图应尽量多地反映零件的结构形状特征。若做到这一点，确定好主视图的投射方向十分重要。如图 7-8 所示，经过比较行程开关壳体零件的主视投射方向，方向 A 更能反映较多的零件结构形状特征。

综上所述，应根据零件的工作位置或加工位置，选择最能反映零件结构形状特征视图作为主视图。

7.2.2　其他视图的选择

一个零件的各部分结构，哪怕是最次要的局部结构，都必须明白无误地表达清楚。因此，主视图确定后，对其未表达清楚的部

图 7-8　行程开关壳体主视图选择

分，再选择其他视图予以完善。一般应优先选用俯视图、左视图等基本视图，然后再考虑在基本视图上做剖视图或断面图。

7.2.3　应用举例——典型零件的表示方法

1. 轴套类零件

图 7-3 所示是铣刀头阶梯轴的零件图。

（1）结构分析

轴类零件主体是由同轴回转体构成，它们的轴向尺寸比径向尺寸大得多，轴上常有键槽、退刀槽、中心孔、倒角和圆角等结构。

（2）主视图的选择

将轴的轴线水平放置，这样既符合轴的加工（车削）位置，也符合工作位置。考虑到这根轴较长，采用折断画法。

（3）其他视图的选择

为了表达轴上键槽的结构形状采用局部视图；为满足标注键槽尺寸的需要采用移出断面图；退刀槽的形状和大小采用局部放大图来表示。

2. 盘盖类零件

图 7-9 所示是铣刀头端盖的零件图。

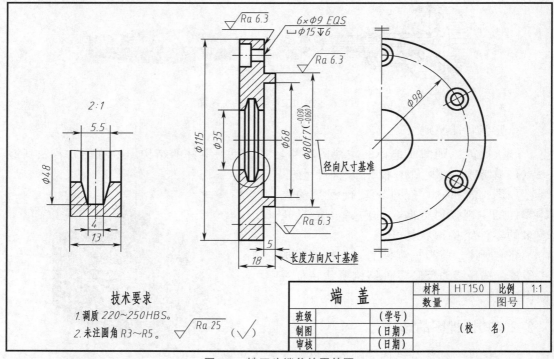

图 7-9　铣刀头端盖的零件图

（1）结构分析

盘盖类零件一般包括法兰盘、端盖、各种轮子。其基本形体多为扁平的圆盘状结构。与轴套零件不同的是，盘盖类零件轴向尺寸小而径向尺寸较大。这类零件主要是轴向定位、防尘和密封。

（2）主视图的选择

铣刀头上端盖零件一般在车床上加工，所以主视图常将其轴线水平放置。为表示其内部结构，主视图常采用全剖视（单一剖或用几个相交的剖切面剖切）。

（3）其他视图的选择

为表示零件上沿圆周分布的孔、槽、肋、轮辐等结构，往往还需选用一个左视图补充说明。此外，为表达细小结构，还常采用局部放大图。

3. 叉架类

现以图 7-10 所示叉架类零件图为例说明。

（1）结构分析

叉架类零件包括拨叉、连杆、杠杆、支架等，其常在机器的操纵机构中起操纵作用或支承轴类零件作用。此类零件一般都有铸造圆角、取模斜度、凸台、凹坑、圆孔和肋板等常见的工艺结构。

叉架类结构形状比较复杂，但通常由用来安装的底座、支承圆筒或拨动其他零件的拨叉，通过肋板或实心杆件连接而成。

（2）主视图的选择

主视图应能明显地反映零件的形状结构特征，并考虑零件的工作位置或安装位置或自然安放时的平稳位置。视图一般采用两个以上，如图 7-10 所示。

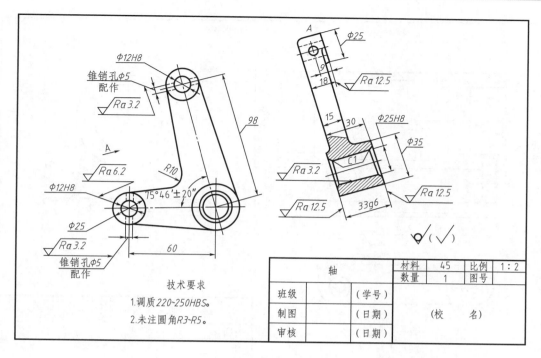

图 7-10　杠杆零件图

（3）其他视图的选择

由于杠杆的某些结构不平行于基本投影面，因此，采用斜视图（局部剖）反映形体和局部内形。

4. 箱体类

图 7-11 所示为铣刀头座体零件图。

（1）结构分析

箱体零件用来支承、包容、保护运动零件或其他零件，也起定位和密封作用。这类零件多为铸件，结构形状比较复杂。

铣刀头座体的主体部分为圆筒，圆筒体上有支承孔，两端有安装盖类零件的螺孔。安装座体的底板上设置了 4 个安装孔，底板下部有一条左右穿通的长方槽，是为减少加工面积而设的。将支承部分和安装部分连接起来的是连接部分，这一部分的形状为工字形。

（2）主视图的选择

铣刀头座体是以零件的工作位置和形体特征为原则选择主视图，且支承部分外部结构简单，内部结构较复杂，主视图上支承部分采用局部剖视。

（3）其他视图的选择

支承部分两端螺孔的分布情况及连接部分的结构需要画左视图，为了表达工字形连接板及底板上安装孔的结构，左视图采用了局部剖视。采用两个基本视图可将座体的结构基本表达清楚，但是安装底板上安装孔的外形和分布表达不够清晰，采用一个局部视图表达就很充分。

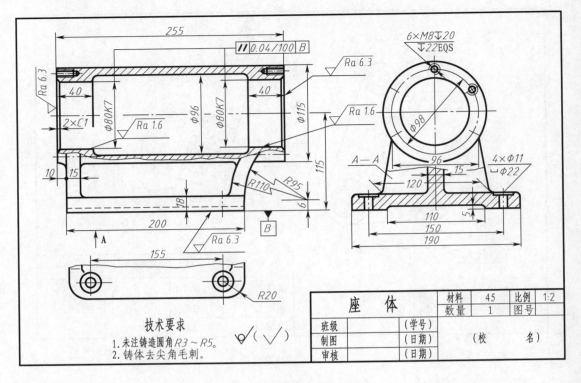

图 7-11　铣刀头座体零件图

 课堂讨论

典型零件的表示方法分析

结合所学知识，分析图 7-4 中所示铣刀头端盖零件的表示方法。

课 堂 任 务

完成表 7-2 中内容。

表 7-2　课堂任务单

项　　目	轴套类	盘盖类	叉架类	箱体类
结构分析				
主视图选择				
其他视图选择				

7.3　零件图上的尺寸标注

本节重点

（1）了解尺寸基准的概念；

（2）熟悉典型零件图的尺寸标注。

尺寸标注是一件非常严格而又细致的工作，任何微小的疏忽、遗漏或错误都可能在生产上造成不良的后果，给生产带来严重的损失。因此，零件图的尺寸标注必须认真、细致，要求做到完全、清晰、合理。

7.3.1　尺寸基准的概念

尺寸基准即标注尺寸的起点，是指零件在机器或加工、安装或测量时，用以确定其位置的一些面、线或点。任何零件都有长、宽、高三个方向的尺寸，每个方向至少要选择一个尺寸基准。一般常选择零件结构的对称面、主要回转轴线、主要加工面、重要支承面或结合面作为尺寸的基准。

7.3.2　典型零件图的尺寸标注

1. 轴套类零件尺寸基准的选择及尺寸标注

以铣刀头中阶梯轴零件为例（图 7-12），轴类零件主要有轴向和径向两个方向的尺寸，所以它有这两个方向的尺寸基准。径向尺寸以轴线为基准。轴向尺寸的主要基准一般为重要的定位面（轴肩），图 7-12 中的轴承定位面为主要基准，轴的两个端面为辅助基准。

要注意长度方向的尺寸标注不要形成封闭尺寸链，如图 7-3 中 $\phi34$ 轴段长度方向不标尺寸，成为开口环，以便让加工误差累积到这两处。重要尺寸一定要直接标注出来，如安装 V 带轮、刀盘和滚动轴承的轴向尺寸 55、32、23 等。为测量方便，其他尺寸多按加工顺序标注。

2. 盘盖类零件尺寸基准的选择方法

以铣刀头中端盖零件为例（图 7-13），与轴类零件相似，盘盖类零件也有轴向尺寸和径向尺寸。端盖零件的径向尺寸基准为中心轴线，轴向尺寸的主要基准一般为零件的结合面（右端面）。零件上各个圆柱体的直径及较大的孔径，其尺寸多注在非圆视图上（见图 7-9）。等直径的均布孔，用国家标准规定的标注形式进行标注。

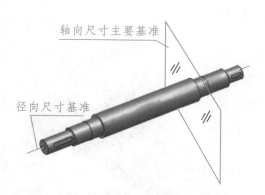

图 7-12　轴类零件的轴向和径向尺寸基准

图 7-13　盘盖类零件的轴向和径向尺寸基准

3. 支架类零件尺寸基准的选择方法

以支架零件为例（图 7-14），这类零件的尺寸基准，常是用来定位的端面或起支承作用的孔的轴线。在图中，零件左右对称面为长度方向尺寸的主要基准；高度方向的尺寸基准为底面，支承孔的轴线为辅助基准；宽度方向的尺寸基准为支承孔的后端面。相关尺寸从基准注出（图7-10）。

4. 箱类零件尺寸基准的选择方法

以铣刀头座的箱体类体零件为例（图7-15），一般以安装底板的底面作为高度方向尺寸的主要基准，座体孔的轴线为高度尺寸的辅助基准；长度方向尺寸基准一般为重要的外端面（圆筒左端面）；宽度方向尺寸基准为座体的前后对称平面。箱体零件形体复杂，尺寸多，一般应用形体分析法，从基准出发注全其尺寸。

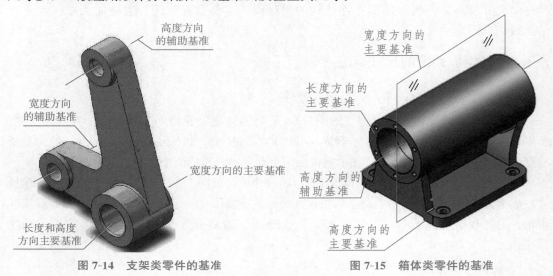

图 7-14　支架类零件的基准　　　　　图 7-15　箱体类零件的基准

 课堂讨论

典型零件实例分析

讨论内容

①结合所学知识，对图7-16所示零件进行形体分析。

②分析零件的类型，选择主视图和其他视图。

③找出零件长、宽、高方向的尺寸基准。

课堂任务

①分析图7-17中所示各种方案的优缺点，选择最佳方案并完成表7-3中内容。

②在选择的方案上，进行尺寸标注（不注尺寸数值）。

图 7-16　轴承座

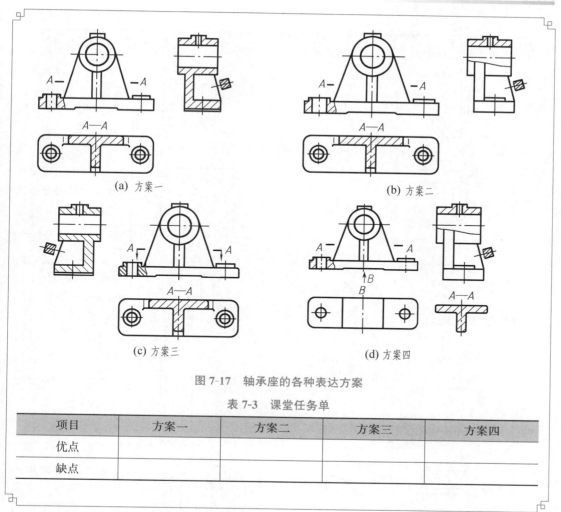

图 7-17　轴承座的各种表达方案

表 7-3　课堂任务单

项目	方案一	方案二	方案三	方案四
优点				
缺点				

7.3.3　零件上常见孔的尺寸注法

零件上常见孔的尺寸注法，见表 7-4。

表 7-4　零件上常见孔的尺寸注法

类型	旁注法		普通注法	说　明
螺孔	*3×M6*	*3×M6*	*3×M6*	*3×M6* 表示公称直径为 6 mm 的均匀分布的 3 个螺孔
	3×M6▽10　*▽12*	*3×M6▽10*　*▽12*	*3×M6*	"▽"为深度符号，M6▽10表示公称直径为 6 mm 的螺孔深 10 mm；▽ 12 表示钻孔深 12 mm

类型	旁注法		普通注法	说　明
螺孔	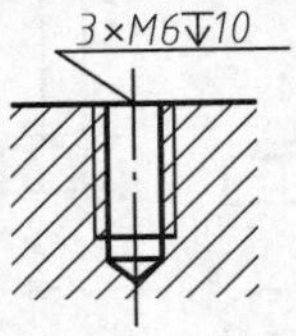 3×M6▽10	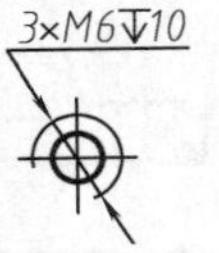 3×M6▽10	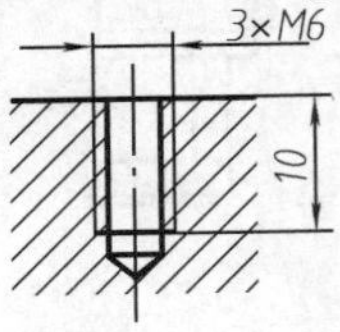 3×M6 10	如对钻孔深度无一定要求，可不必标注，一般加工到比螺孔深即可
光孔	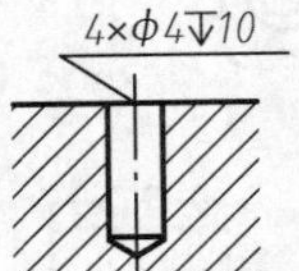 4×φ4▽10	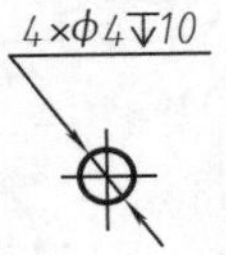 4×φ4▽10	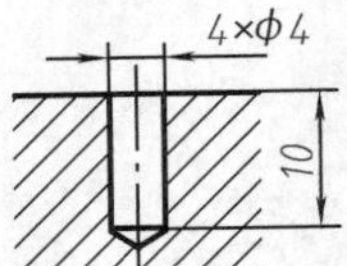 4×φ4 10	4×φ4 表示直径为 4 mm 的均匀分布的 4 个光孔
沉孔	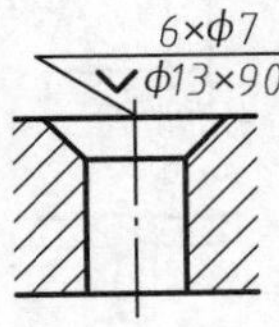 6×φ7 ▽φ13×90°	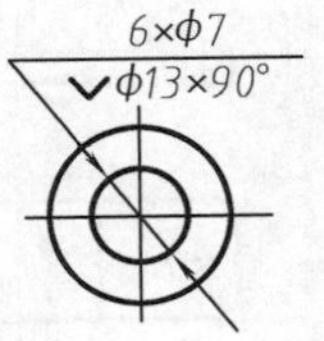 6×φ7 ▽φ13×90°	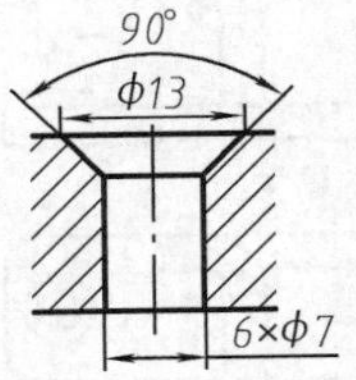 90° φ13 6×φ7	"▽"为埋头孔的符号，锥形孔的直径 φ13 mm 及锥角 90°均需注出
	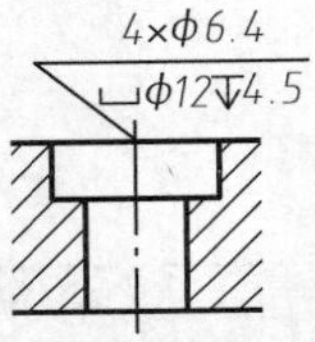 4×φ6.4 ⨆φ12▽4.5	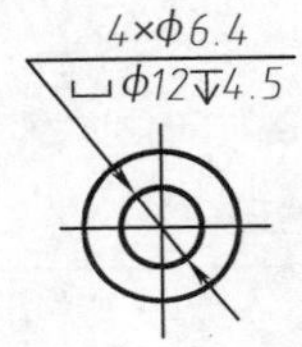 4×φ6.4 ⨆φ12▽4.5	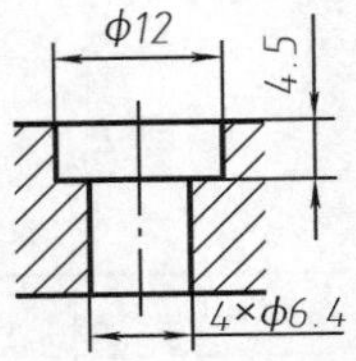 φ12 4.5 4×φ6.4	"⨆"为沉孔及锪平孔的符号
	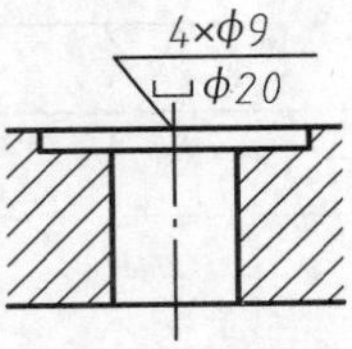 4×φ9 ⨆φ20	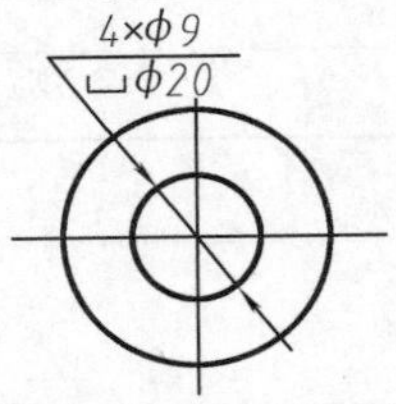 4×φ9 ⨆φ20	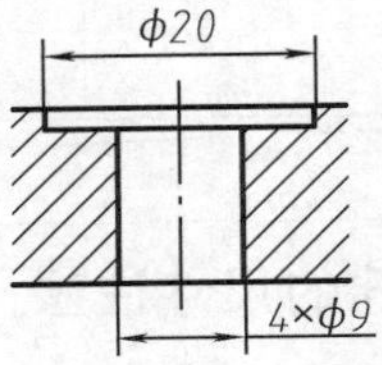 φ20 4×φ9	锪平 φ20 mm 的深度不需标注，一般锪平到不出现毛坯面为止

7.4　零件图上的技术要求

本节重点

（1）了解表面结构及表面粗糙度的基本概念，掌握表面结构及表面粗糙度的符号、代号及其标注和识读；

（2）了解标准公差与基本偏差的概念，掌握尺寸公差在图样上的标注和识读。

7.4.1　表面结构的图样表示法

所谓表面结构是指零件表面的几何形貌。它是表面粗糙度、表面波纹度、表面纹理、表面缺陷和表面几何形状的总称，如图 7-18 所示。本节重点介绍表面粗糙度在图样上的表示法及其符号、代号的标注与识读。

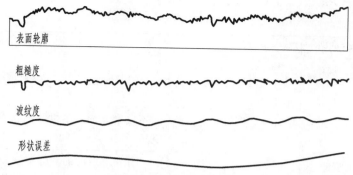

图 7-18　表面结构的构成

机械零件能否达到预期的技能与寿命，由机件表面的质量而定。一般机件表面可分为加工面与非加工面，然而加工面虽然制成光滑表面，但如果用显微镜放大看，仍能看到高低不平的峰谷（图 7-19）、波纹和刀痕等，这是由于在加工过程中，机床、刀具、工件系统的震动，以及刀具切削时的塑性变形等原因造成。加工表面上具有的较小间距和峰谷所组成的微观几何形状特性称为表面粗糙度。

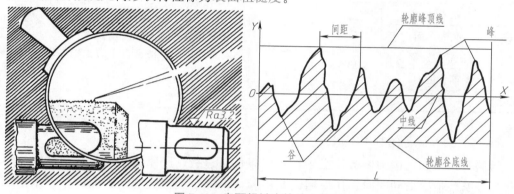

图 7-19　表面粗糙度的放大状况

表面粗糙度与零件的加工方法、材料、刀具、设备等因素密切相关，它是衡量零件质量的标准之一，对零件的配合、耐磨程度、抗疲劳强度、抗腐蚀性等，以及外观都有影响。所以在机械工作图中，需要对操作中有关零件表面粗糙度作适度的要求。

1. 评定表面结构常用的轮廓参数

我国机械图样中目前最常用的表面结构评定参数有两种：算数平均偏差 Ra 和轮廓的最大高度 Rz。算数平均偏差 Ra 是指在一个取样长度内，纵坐标 $z(x)$ 绝对值的算数平均值；轮廓的最大高度 Rz 是指在一个取样长度内，最大轮廓的峰高与最大轮廓谷深之和的高度，如图 7-20 所示。

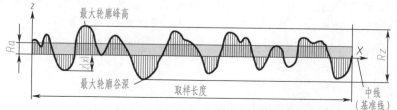

图 7-20　算数平均偏差 Ra 和轮廓的最大高度 Rz

算数平均偏差 Ra 数值与加工方法的关系及应用见表 7-5。

表 7-5　Ra 数值与加工方法的关系及应用

$Ra/\mu m$	表面特征	主要加工方法	应用举例
50	明显可见刀痕	粗车、粗铣、粗刨、钻、粗纹锉刀和粗砂轮加工	最粗糙的加工表面，一般很少应用
25	可见刀痕		
12.5	微见刀痕	粗车、刨、立铣、平铣、钻	不接触表面、不重要的接触面，如螺钉孔、倒角、机座底面等
6.3	可见加工痕迹	精车、精铣、精刨、铰、镗、粗磨等	没有相对运动的零件接触面，如箱、盖、套筒要求紧贴的表面，键和键槽工作表面；相对运动速度不高的接触面，如支架孔、衬套、带轮轴孔的工作表面
3.2	微见加工痕迹		
1.6	看不见加工痕迹		
0.8	可辨加工痕迹方向	精车、精铰、精拉、精镗、精磨等	要求很好的接触面，如与滚动轴承配合的表面、锥销孔等；相对运动速度较高的接触面，如滑动轴承的配合表面、齿轮轮齿的工作表面等
0.4	微辨加工痕迹方向		
0.2	不可辨加工痕迹方向		
0.1	暗光泽面	研磨、抛光、超级精细研磨等	精密量具的表面、极重要零件的摩擦面，如气缸的内表面、精密机床的主轴颈、坐标镗床的主轴颈等
0.05	亮光泽面		
0.25	镜状光泽面		
0.012	雾状镜面		
0.008	镜面		

2. 有关检验规范的基本术语

检验评定表面结构的参数值必须在特定条件下进行。国家标准规定，图样中注写参数代号及其数值要求的同时，还应明确其检验规范。有关检验规范方面的基本术语取样长度和评定长度、轮廓率波器和传输带及极限值判断规则。

本书仅介绍取样长度和评定长度以及极限值判断规则。

（1）取样长度和评定长度

以粗糙高度参数的测量为例，由于表面轮廓的不规则性，测量结果与测量段的长度密切相关。当测量段过短时，各处的测量结果会产生很大的差异；当测量段过长时，测量的高度值将不可避免地包含波纹度的幅值。因此，应在 X 轴（即基准线）上选取一段适当长度进行测量，这段长度称为取样长度（Lr）。

在每一取样长度内的测得值通常是不等的，为取得表面粗糙度最可靠的值，一般取几个连续的取样长度进行测量，并以各取样长度内测量值的平均值作为测得的参数值。这段在 X 轴方向上用于评定轮廓的、包含着一个或几个取样长度的测量段称为评定长度（Ln）。

当参数代号后未注明取样长度个数时，评定长度即默认为 5 个取样长度，否则应注明个数。例如，$Rz0.4$、$Ra3\ 0.8$、$Rz1\ 3.2$ 分别表示评定长度为 5 个（默认）、3 个、1 个取样长度。

（2）极限值判断规则

完工零件的表面按检验规范测得轮廓参数值后，需与图样上给定的极限值比较，以判断其是否合格。极限值判断规则有两种：16％规则和最大规则。

①16％规则。运用本规则时，当被检表面测得的全部参数值中超过极限值的个数不多于总个数的 16％时，该表面是合格的。

②最大规则。运用本规则时，被检整个表面上测得的参数值都不应该超过给定的极限值。

16％规则是所有表面结构要求标注的默认规则，即当参数代号后未注写"max"字样时，均默认为应用 16％规则（如 $Ra0.8$）。反之，则应用最大规则（如 $Ra\ max\ 0.8$）。

3. 标注表面结构的图形符号

标注表面结构的图形符号见表 7-6。

表 7-6　标注表面结构的图形符号

符号名称	符　号	含　义
基本图形符号	$d'=0.35\ mm$（d'符号线宽）$H_1=5\ mm$ $H_2=10.5\ mm$	未指定工艺方法的表面，当通过一个注释解释时可单独使用
扩展图形符号		用去除材料方法获得的表面，仅当其含义是"被加工表面"时可单独使用
		不去除材料的表面，也可用于保持上道工序形成的表面，不管这种状况是通过去除或不去除材料形成的
完整图形符号	文本中：（APA）（MRR）（NMR）	在以上各种符号的长边上加一横线，以便注写对表面结构的各种要求 APA——允许任何工艺 MRR——去除材料 NMR——不去除材料

注：表中 d'、H_1 和 H_2 的大小是当图样中尺寸数字高度选取 $h=3.5\ mm$ 时按 GB/T 131—2006 的相应规定给定的。表中 H_2 是最小值，必要时允许加大。

当图样中某个视图上构成封闭轮廓的各表面有相同的表面结构要求时，应在完整图形符号上加一圆圈，标注在图样中工件的封闭轮廓线上，如图 7-21 所示。

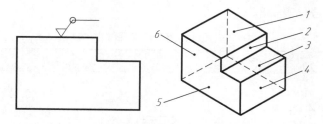

图 7-21　对周边各面有相同的表面结构要求的注法

注：图示的表面结构符号是指对图形中封闭轮廓的六个面的共同要求（不包括前后面）。

4. 表面结构要求在图形符号中的注写位置

为了明确表面结构要求，除了标注表面结构参数和数值外，必要时应标注补充要求，包括传输带、取样长度、加工工艺、表面纹理及方向、加工余量等。在完整符号中，对表面结构的单一要求和补充要求应注写在图7-22所示的指定位置。

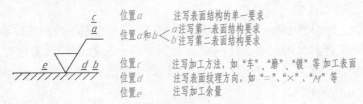

位置a	注写表面结构的单一要求
位置a和b	a注写第一表面结构要求 b注写第二表面结构要求
位置c	注写加工方法，如"车"、"磨"、"镀"等加工表面
位置d	注写表面纹理方向，如"="、"×"、"M"等
位置e	注写加工余量

图7-22 补充要求的注写位置（a～e）

5. 表面结构代号

表面结构符号中注写了具体参数代号及数值等要求后即为表面结构代号，表面结构代号的示例及含义见表7-7。

表7-7 表面结构代号的示例及含义

代号示例	含义/说明
$Ra\ 1.6$	表示去除材料，单向上限值，默认传输带，R轮廓，粗糙度算术平均偏差1.6 μm，评定长度为5个取样长度（默认），"16％规则"（默认）
$Rz\ max\ 0.2$	表示不允许去除材料，单向上限值，默认传输带，R轮廓，粗糙度最大高度的最大值0.2 μm，评定长度为5个取样长度（默认），"最大规则"
$U\ Ra\ max\ 3.2$ $L\ Ra\ 0.8$	表示不允许去除材料，双向极限值，两极限值均使用默认传输带，R轮廓，上限值：算术平均偏差3.2 μm，评定长度为5个取样长度（默认），"最大规则"，下限值：算术平均偏差0.8 μm，评定长度为5个取样长度（默认），"16％规则"（默认）
铣 $-0.8/Ra\ 36.3$ ⊥	表示去除材料，单向上限值，传输带：根据GB/T6062，取样长度0.8 mm，R轮廓，算术平均偏差极限值6.3 μm，评定长度包含3个取样长度，"16％规则"（默认），加工方法：铣削，纹理垂直于视图所在的投影面

6. 表面结构要求在图样中的注法

表面结构要求对每一表面一般只注一次，并尽可能注在相应的尺寸及其公差的同一视图上。除非另有说明，所标注的表面结构要求是对完工零件表面的要求。表面结构表示法在图样中的注法见表7-8。

表7-8 表面结构表示法在图样中的注法

标注示例	规定及说明
$Ra\ 0.8$ $Rz\ 3.2$　　　　　$Rz\ 12.5$ $Rp\ 1.6$	总的原则是根据GB/T 4458.4的规定，使表面结构的注写和读取方向与尺寸的标注和读取方向一致。表面结构要求图形符号的尖角应从零件外指向并接触所注的表面

标注示例	规定及说明
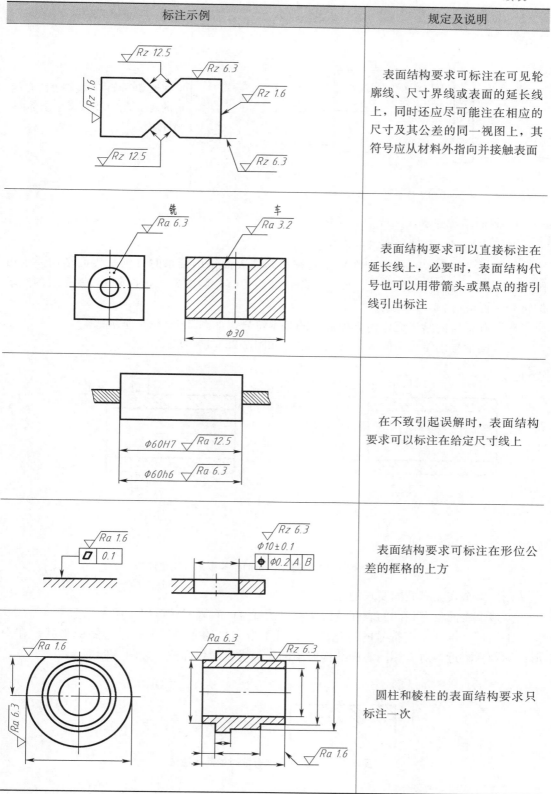	表面结构要求可标注在可见轮廓线、尺寸界线或表面的延长线上，同时还应尽可能注在相应的尺寸及其公差的同一视图上，其符号应从材料外指向并接触表面
	表面结构要求可以直接标注在延长线上，必要时，表面结构代号也可以用带箭头或黑点的指引线引出标注
	在不致引起误解时，表面结构要求可以标注在给定尺寸线上
	表面结构要求可标注在形位公差的框格的上方
	圆柱和棱柱的表面结构要求只标注一次

续表

标注示例	规定及说明
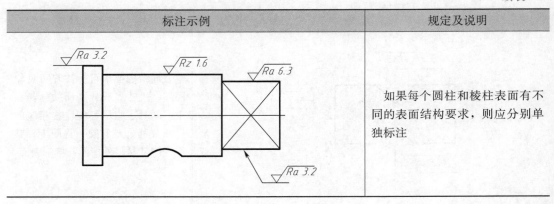	如果每个圆柱和棱柱表面有不同的表面结构要求，则应分别单独标注

7. 表面结构要求在图样中的简化注法

（1）有相同表面结构要求的简化注法

如果工件的多数（包括全部）表面有相同的表面结构要求时，则其表面结构要求可统一注写在图样的标题栏附近。此时（除全部表面有相同的要求情况外），表面结构要求的符号后面应有：

——圆括号内给出无任何其他标注的基本符号，如图 7-23（a）所示；

——圆括号内给出不同表面结构要求，如图 7-23（b）所示。

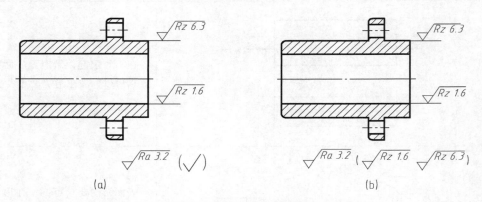

图 7-23 大多数表面有相同表面结构要求的简化注法

（2）多个表面有共同要求的注法

当多个表面具有相同的表面结构要求或图纸空间有限时，可以采用简化标注：

①用带字母的完整符号的简化注法，可用带字母的完整符号，以等式的形式，在图形或标题栏附近，对有相同表面结构要求的表面进行简化标注，如图 7-24 所示。

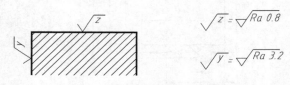

图 7-24 在图纸空间有限时的简化注法

②只用表面结构符号进行简化注法，可用图 7-25 所示的表面结构符号，以等式的形式给出对多个表面共同的表面结构要求

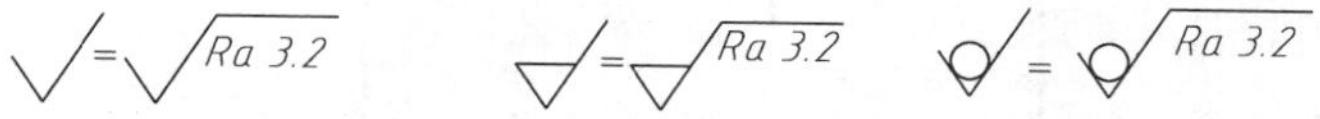

$$\sqrt{} = \sqrt{Ra\ 3.2} \qquad \sqrt{} = \sqrt{Ra\ 3.2} \qquad \bigcirc{} = \bigcirc{Ra\ 3.2}$$

(a)未指定工艺方法　　　　(b)要求去除材料　　　　(c)不允许去除材料

图 7-25　多个表面结构要求的简化注法

8. 表面结构要求检验程序

（1）目测检验

对于那些明显的不需要用更精确方法检验的工件表面场合，选择目测法检验工件。

（2）比较检验

如果用目测检查不能做出判定，可利用粗糙度比较样块的视觉法和触觉法去检验评定工件。

（3）仪器检查

如果用上述两种方法皆无法确定的表面，可采用仪器（如高斯过滤器）确定。

7.4.2　极限与配合

现代化大规模生产要求零件具有互换性，为了满足零件的互换性，国家制定了《极限与配合》的国家标准。

1. 零件互换性的概念

装配在一起的零件（轴和孔）如图 7-26 所示，只有各自达到相应的技术要求后，装配在一起才能满足所设计的松、紧程度和工作精度要求，保证实现功能及互换性。互换性是指装配机器或部件时，在同一规格的一批零件中任取其一，不需任何挑选或附加修配就能装在机器上，达到规定的使用性能要求。在机械制造中，遵循互换性原则，不仅能显著提高劳动生产率，而且能有效保证产品质量和降低成本。所以，互换性是机械和仪器制造中的重要生产原则与有效技术措施。

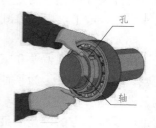

图 7-26　装配在一起的轴和孔

2. 认识极限与配合

要达到零件具有互换性的要求，就是要控制零件功能尺寸的精度。控制的办法是限制功能尺寸不超出设定的极限值。这种规定的零件尺寸允许的变动量称为尺寸公差，简称公差。

新国家标准 GB/T 1801—2009《产品几何技术规范（GPS）极限与配合公差带和配合的选择》本标准代替 GB/T 1801—1999 标准。标准中术语的变化如下："基本尺寸"改为"公称尺寸"；上偏差、下偏差、最大极限尺寸和最小极限尺寸分别修改为上极限偏差、下极限偏差、上极限尺寸和下极限尺寸；其他变化见标准原文。

3. 关于尺寸公差的名词术语（图 7-27）

（1）公称尺寸

由图样规范确定的理想形状要素的尺寸。

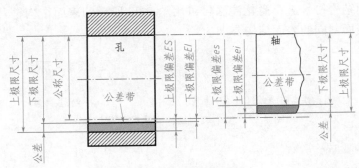

图 7-27　尺寸与公差图解

（2）实际尺寸

加工后的零件经过测量而获得的尺寸。

（3）极限尺寸

尺寸要素允许的最大和最小尺寸。尺寸要素允许的最大尺寸称为上极限尺寸；尺寸要素允许的最小尺寸称为下极限尺寸。

（4）极限偏差

极限尺寸减去公称尺寸所得的代数差。极限偏差由上极限偏差和下极限偏差组成。最大极限尺寸减去公称尺寸所得的代数差，称为上极限偏差；最小极限尺寸去公称尺寸所得的代数差，称为下极限偏差。

（5）尺寸公差（简称公差）

零件尺寸所允许的变动量（公差本身没有正负）。公差也是最大极限尺寸减最小极限尺寸之差，或上极限偏差减下极限偏差之差。

（6）公差带和零线

由代表上极限偏差和下极限偏差、或上极限尺寸或下极限尺寸的两条直线所限定的区域，称为公差带。为了便于分析，一般将尺寸公差与公称尺寸的关系，按放大比例画成公差带图。在公差带图中，用来表示公称尺寸的一条直线称为零线。零线上方的偏差为正，零线下方的偏差为负。

（7）标准公差

国家标准极限与配合中所规定的任一公差。标准公差等级分为20级，分别用IT01、IT0、IT1～IT18表示。"IT"为标准公差的代号，公差等级用阿拉伯数字表示。从IT01至IT18等级依次降低，如图7-28所示。

高	公差等级	低
IT01、IT0、IT1、IT2、……、IT18		
低	公差数值	高

图 7-28　公差数值增加，公差等级降低

（8）基本偏差

基本偏差系国家标准规定的用以确定公差带相对于零线位置的上极限偏差或下极限偏差，一般为靠近零线的那个极限偏差称为基本偏差。公称尺寸、极限偏差（上极限偏差和下极限偏差）、公差相互关系，可以利用公差带示意图表示。尺寸 $\phi20^{-0.007}_{-0.020}$ 的公差带示意图如图 7-29 所示。

从公差带示意图可知，公差带是由公差带的大小和公差带的位置两个要素确定的。

公差带的大小由标准公差来确定。公差带相对零线的位置由基本偏差确定，一般为靠近零线的那个偏差。如图 7-29 所示，尺寸 $\phi20^{-0.007}_{-0.020}$ 的基本偏差为上偏差（-0.007）。

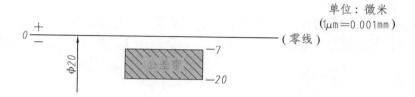

图 7-29　公差带示意图

国家标准对孔和轴分别规定了 28 个基本偏差，如图 7-30 所示。

孔的基本偏差从 A 到 H 为下偏差，从 J 到 ZC 为上偏差。

轴的基本偏差从 a 到 h 为上偏差，从 j 到 zc 为下偏差。

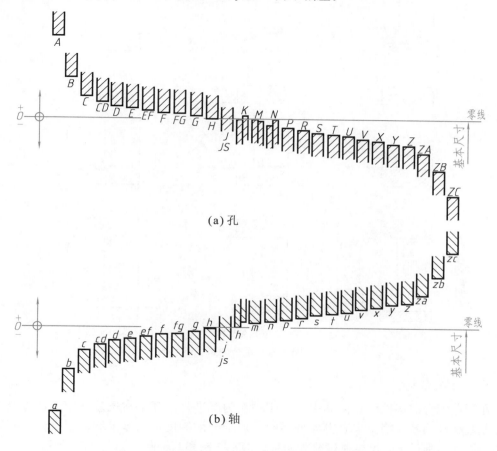

图 7-30　基本偏差系列

4. 关于配合的基本概念

公称尺寸相同的、相互结合的孔和轴公差带之间的关系，称为**配合**。

根据使用要求不同，配合的松紧程度也不同。国家标准将配合的类型分为三种：

（1）间隙配合

孔与轴装配时，具有间隙（包括最小间隙等于零）的配合。此时，孔的公差带在轴的公差带之下，如图 7-31（a）所示。间隙配合主要用于孔、轴间需要产生相对运动的活动连接。

（2）过盈配合

孔与轴装配时，具有过盈（包括最小过盈等于零）的配合。此时，孔的公差带在轴的公差带之上，如图 7-31（b）所示。过盈配合主要用于孔、轴间不允许产生相对运动的紧固连接。

（3）过渡配合

孔与轴装配时，可能有间隙或过盈的配合。此时，孔的公差带与轴的公差带互相交叠，如图 7-31（c）所示。过渡配合主要用于孔、轴间的定位连接。

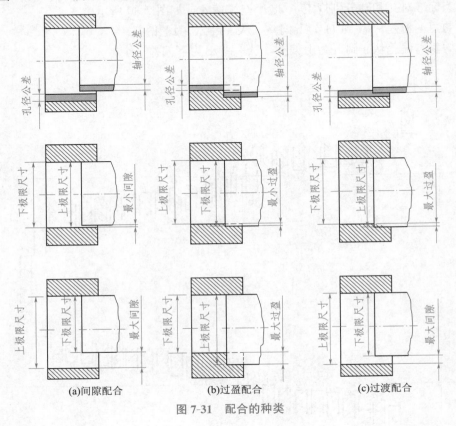

(a)间隙配合　　　　　　　(b)过盈配合　　　　　　　(c)过渡配合

图 7-31　配合的种类

5. 关于配合制度

在制造配合的零件时，使其中一种零件作为基准件，其基本偏差一定，通过改变另一种非基准件的基本偏差来获得各种不同性质配合的制度称为基准制。根据生产实际的需要，国家标准规定，配合制度分为两种，即基孔制和基轴制，如图 7-32 所示。

（1）基孔制配合

基本偏差为一定的孔的公差带与不同基本偏差的轴的公差带形成各种配合的一种制度称为**基孔制配合**，如图 7-32 所示。基孔制的孔称为**基准孔**，基本偏差代号为"H"，其上极限偏差为正值，下极限偏差为零。

（2）基轴制配合

基本偏差为一定的轴的公差带与不同基本偏差的孔的公差带形成各种配合的一种制度称为**基轴制配合**，如图 7-33 所示。基轴制的轴称为**基准轴**，基本偏差代号为"h"，其上极限偏差为零，下极限偏差为负值。

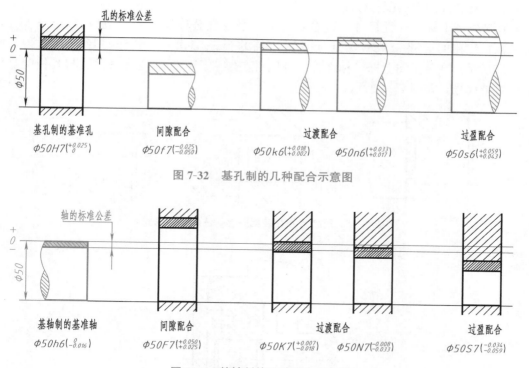

图 7-32　基孔制的几种配合示意图

图 7-33　基轴制的几种配合示意图

6. 关于极限与配合的标注（GB/T 4458.5—2003）

（1）在零件图上的公差标注

在零件图上标注尺寸公差带有三种形式：用于大批量生产的零件图，可只注公差带代号；用于单件、中小批量生产的零件图，一般只注极限偏差数值。当需要同时注出公差带代号和数值时，则其偏差数值应加上圆括号，一般用于产量不定的零件图，如图 7-34 所示。

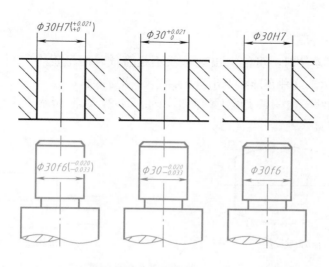

图 7-34　公差代号、极限偏差在零件图上标注的三种形式

（2）在装配图上的配合标注

在装配图上标注线性尺寸的配合代号时，必须在公称尺寸的右边用分数形式注出，分子位置注孔的公差带代号，分母位置注轴的公差带代号，其注写形式有 3 种，如图 7-35 所示。在装配图上标注标准件、外购件与零件配合时，通常只标注与其相配零件的公差带代号，如图 7-36 所示。

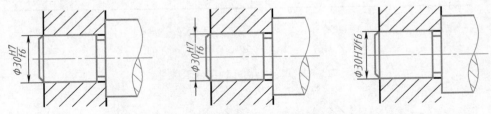

图 7-35　配合代号在装配图上标注的 3 种形式

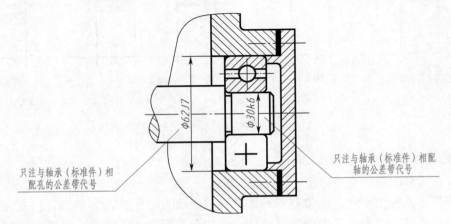

只注与轴承（标准件）相配孔的公差带代号

只注与轴承（标准件）相配轴的公差带代号

图 7-36　标准件与零件配合时的标注

*7.4.3　几何公差

1. 几何公差的一般知识

在加工圆柱形零件时，可能会出现母线不是直线，而呈现中间粗、两头细的情况，如图 7-37（a）所示。这种在形状上出现的误差，称为形状误差。在加工阶梯轴时，可能会出现各轴段的轴线不在一条直线上的情形，如图 7-37（b）所示。这种在相互位置上出现的误差，称为位置误差。

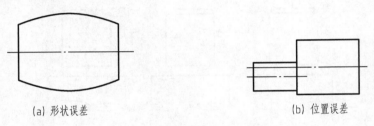

(a) 形状误差　　　　　　　　　　(b) 位置误差

图 7-37　形状误差和位置误差

如果零件在加工时产生的形、位误差过大，将会影响机器的质量。因此，对零件上精度要求较高的部位，必须根据实际需要对零件加工提出相应的形状误差和位置误差的允许范围，即要在图纸上标出形位公差。

2. 几何公差的项目及符号

GB/T 1182—2008 对几何公差的几何特征、术语、代号、数值标注方法等都作了统一规定。几何公差的公差类型分四类（形状公差、方向公差、位置公差、跳动公差），各类中几何特征、术语、符号见表 7-9。

表 7-9　几何特征符号

公差		特征项目	符　号	有或无基准要求	公差		特征项目	符　号	有或无基准要求
形状	形状	直线度	—	无	位置	定向	平行度	//	有
		平面度	▱	无			垂直度	⊥	有
							倾斜度	∠	有
		圆度	○	无		定位	位置度	⊕	有或无
		圆柱度	⌿	无			同轴度（同心度）	◎	有
形状或位置	轮廓	线轮廓度	⌒	有或无			对称度	=	有
						跳动	圆跳动	↗	有
		面轮廓度	⌓	有或无			全跳动	⌁	有

3. 几何公差的代号

GB/T 1182—2008 对几何公差的几何特征、术语、代号、数值标注方法等都作了统一规定。其中几何公差的代号包括：几何公差特征符号、公差框格、被测要素、公差带、基准等，如图所示。公差框格用细实线画出，刻画成水平或垂直的，框格的高度是图样中尺寸数字高度的两倍，它的长度视需要而定。框格中的数字、字母、符号与图样中的数字等高，如图 7-38 所示。

基准代号，用一个大写字母表示。字母标注在基准方格内与一个涂黑的或空白的三角形相连以表示基准。涂黑的和空白的基准三角形含义相同，如图 7-39 所示。

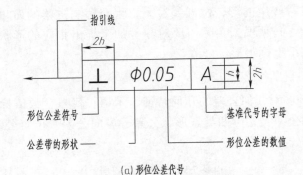

（a）形位公差代号

图 7-38　几何公差及基准代号的画法

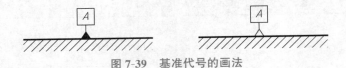

图 7-39　基准代号的画法

4. 几何公差的标注

形位公差在图样上的标注见表 7-10。

表 7-10　形位公差在图样上的标注

标注示例	规定及说明
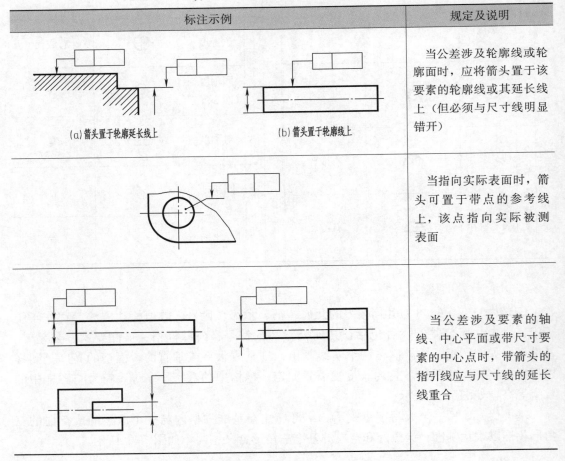	当公差涉及轮廓线或轮廓面时，应将箭头置于该要素的轮廓线或其延长线上（但必须与尺寸线明显错开）
	当指向实际表面时，箭头可置于带点的参考线上，该点指向实际被测表面
	当公差涉及要素的轴线、中心平面或带尺寸要素的中心点时，带箭头的指引线应与尺寸线的延长线重合

标注示例	规定及说明
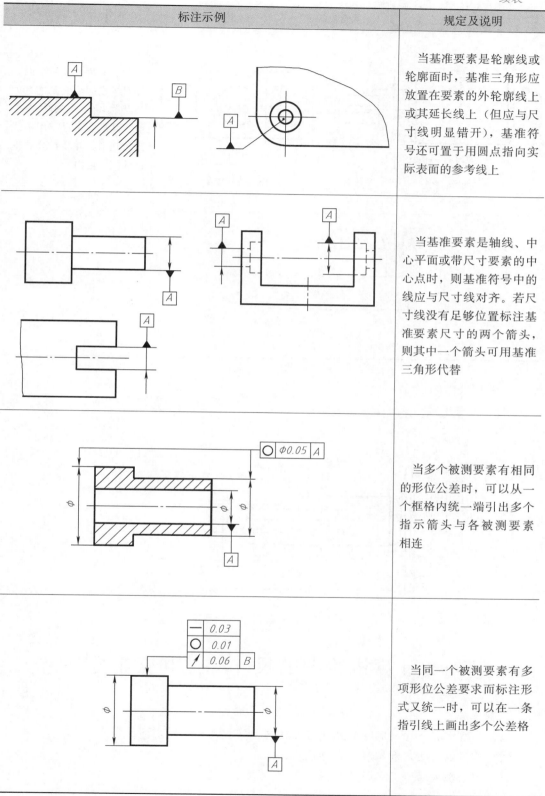	当基准要素是轮廓线或轮廓面时，基准三角形应放置在要素的外轮廓线上或其延长线上（但应与尺寸线明显错开），基准符号还可置于用圆点指向实际表面的参考线上
	当基准要素是轴线、中心平面或带尺寸要素的中心点时，则基准符号中的线应与尺寸线对齐。若尺寸线没有足够位置标注基准要素尺寸的两个箭头，则其中一个箭头可用基准三角形代替
	当多个被测要素有相同的形位公差时，可以从一个框格内统一一端引出多个指示箭头与各被测要素相连
	当同一个被测要素有多项形位公差要求而标注形式又统一时，可以在一条指引线上画出多个公差格

标注示例	规定及说明
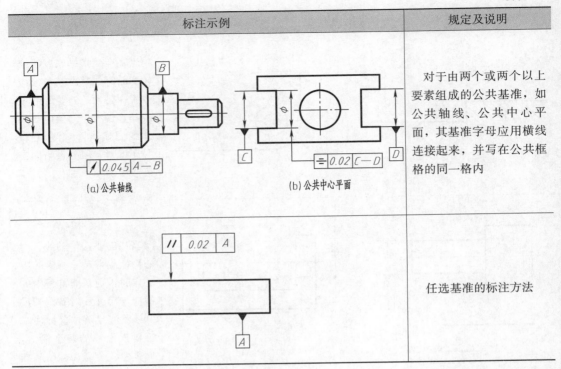	对于由两个或两个以上要素组成的公共基准，如公共轴线、公共中心平面，其基准字母应用横线连接起来，并写在公共框格的同一格内
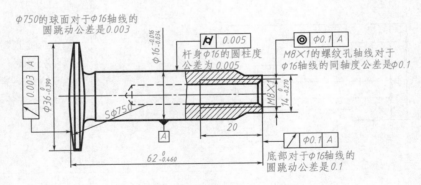	任选基准的标注方法

5. 几何公差的识读

图 7-40 为几何公差标注示例及解释。

图 7-40　几何公差标注及解释

7.5　计算机绘图的尺寸标注和文本标注

本节重点

（1）熟练掌握 AutoCAD 的尺寸标注技巧、掌握尺寸编辑功能。

（2）掌握注写文本和编辑文本功能；

（3）掌握图块功能及属性块功能。

7.5.1 尺寸标注

1. 创建尺寸标注样式

AutoCAD 2010 绘图系统提供了一系列标注样式，存放在 acadiso.dwt 样板中，用户可以通过"标注样式管理器"对话框，完成各种标注样式的创建。

选择"格式"→"标注样式"命令，或者单击"标注样式" 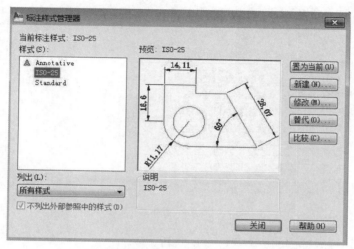 按钮，系统将弹出如图 7-41 所示的"标注样式管理器"对话框。

图 7-41　"标注样式管理器"对话框

（1）新建尺寸样式

单击"标注样式管理器"对话框中的"新建"按钮，系统弹出如图 7-42 所示的"创建新标注样式"对话框。

图 7-42　"创建新标注样式"对话框

单击"继续"按钮，系统弹出如图 7-43 所示的"新建标注样式"对话框。该对话框中共有直线和箭头、文字、调整、主单位、换算单位以及公差 6 个选项卡，可以分别完成尺寸界线、尺寸线、尺寸数字、尺寸标注形式，以及公差形式的设置。

（2）标注样式修改

标注样式设定后，可能会出现不符合设计意图的地方，AutoCAD 提供了对标注样式修改的功能。首先选择需要修改的标注样式，再单击"标注样式管理器"对话框中的"修改"按钮，在系统弹出"修改标注样式"对话框中重新设置有关的内容。修改尺寸标

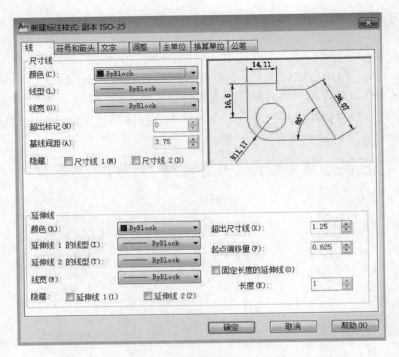

图 7-43 "新建标注样式"对话框

注的样式后，以该样式标注的所有尺寸自动更新。

（3）设置当前尺寸的标注样式

在"标注样式管理器"对话框中的"样式"列表框中选择一种尺寸样式，单击"置为当前"按钮即可。

（4）标注样式比较

为了解两个标注样式的异同，单击"标注样式管理器"对话框中的"比较"按钮，系统将弹出如图 7-44 所示的"比较标注样式"对话框。在"比较"下拉列表框中选取一种标注样式，再在"与"列表框中选取要比较的样式，在对话框下方的文本框中就会列出两种比较的结果。

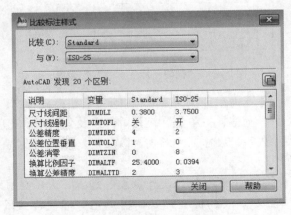

图 7-44 "比较标注样式"对话框

2. 尺寸标注命令

AutoCAD 2010 中所有的尺寸标注命令都具有菜单和工具条两种形式。"标注"工具条在缺省状态下不显示，用户可以在任一工具条上单击鼠标右键，从弹出的快捷菜单中选择"标注"命令，即可打开如图 7-45 所示的"标注"工具条。

线性标注　对齐标注　弧长标注　坐标标注　半径标注　折弯标注　直径标注　角度标注　快速标注　基线标注　连续标注　标注间距　标注打断　公差标注　圆心标记　检验　折弯性标注　编辑标注　编辑标注文字　标注更新　标注样式控制　标注样式

图 7-45　"标注"工具条

（1）线性标注（Dimlinear）

线性标注用于水平或垂直尺寸的标注，如图 7-46 所示。

方法 1：单击"线性标注" ⊓ 按钮，命令行给出"指定第一条尺寸界线原点或 ＜选择对象＞"提示，按下"对象捕捉"按钮，拾取图中 A 点，命令行给出"指定第二条尺寸界线原点"提示，再拾取 B 点。移动光标将尺寸线放置在合适的位置，最后单击鼠标左键，即完成一个线性尺寸的标注。

方法 2：单击"线性标注" ⊓ 按钮，在命令提示下，回车响应，在直接选择要标注的尺寸对象，完成尺寸标注。

（2）对齐标注（Dimaligned）

对齐标注用于创建尺寸线与图形中的轮廓线相互平行的尺寸标注，如图 7-47 中的 29 长度尺寸。

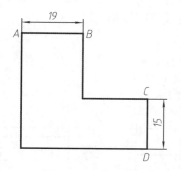

图 7-46　线性标注示例

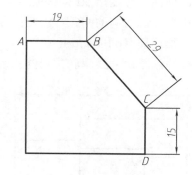

图 7-47　对齐标注示例

单击"对齐标注" ⬈ 按钮，按提示拾取 B、C 两点，或先按回车键，再拾取 B、C 线段，移动光标确定尺寸线位置，即完成对齐尺寸的标注。

（3）半径（Dimradius）、直径（Dimdiameter）标注

半径、直径标注用于圆或圆弧的半径或直径尺寸标注，如图 7-48 所示。

单击"半径标注" ◔ 或"直径标注" ◔ 按钮，选择要标注的圆或圆弧，移动光标确定尺寸线的位置。

（4）角度标注

角度标注用于圆弧包角、两条非平行线的夹角以及三点之间夹角的标注，如图 7-49 所示。

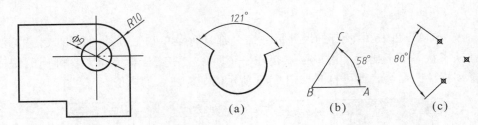

图 7-48　半径标注和直径标注示例　　　　　图 7-49　角度标注示例

单击"角度标注" 按钮，系统给出"选择圆弧、圆、直线或 ＜指定顶点＞"提示。对于圆弧包角的标注，先拾取圆弧的一个端点。此时系统在命令行给出"指定标注弧线位置或 ［多行文字（M）/文字（T）/角度（A）］"提示，单击鼠标左键确定弧线位置，即完成角度的标注，如图 7-49（a）所示。

对于两条非平行线的夹角，则依次拾取形成夹角的两条直线，并确定标注弧线位置，即完成两条非平行线之间的角度标注，如图 7-49（b）所示。

对于三点之间夹角的角度标注，需先按回车键。待命令行出现"指定角的顶点"提示时，利用"对象捕捉"功能拾取顶点，再依次拾取两个端点，最后确定标注弧线位置，即可完成三点之间夹角的标注，如图 7-49（c）所示。

（5）基线标注（Dimbaseline）

基线标注用于以同一尺寸界线为基准的一系列尺寸标注，如图 7-50 所示。

单击"基线标注" 按钮，系统给出"指定第二条尺寸界线起点或 ［放弃（U）/选择（S）］＜选择＞"，将光标移动到第二条尺寸界线起点，单击鼠标左键确定，即完成一个尺寸的标注。重复拾取第二条尺寸界线起点操作，可以完成一系列基线尺寸的标注。基线标注中尺寸线之间的间距，由标注样式中的基线间距控制。

（6）连续标注（dimcontinue）

连续标注用于尺寸线串联排列的一系列尺寸标注，如图 7-51 所示。

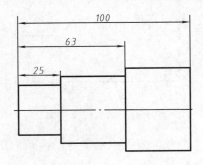

图 7-50　基线标注示例

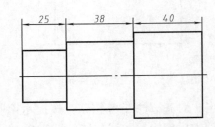

图 7-51　连续标注示例

连续标注与基线标注一样，必须以线性、坐标或角度标注作为创建基础。在完成基础标注后，单击"连续标注"按钮，系统在命令行给出与基线标注一样的提示，按照与创建基线标注相同的步骤进行操作，即可完成连续标注。

（7）快速引线标注（Qleadfr）

引线标注用于标注一些注释、说明和形位公差等。

单击"快速引线"按钮，系统在命令行给出"指定引线起点或［设置（S）］＜设置＞"提示。因为引线的形式多种多样，为符合国家标准的要求，一般要先进行设置，所以在命令行输入 S，并按回车键，打开如图 7-52 所示的"引线设置"对话框进行设定。

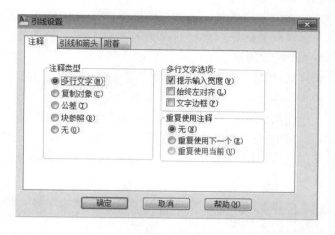

图 7-52　"引线设置"对话框

"引线设置"对话框中"注释类型"选择"多行文字"选项时，再输入点确定引线、指定文字的宽度后，输入文本，如图 7-53 所示。

图 7-53　快速引线标注示例

"引线设置"对话框中"注释类型"选择"公差"选项时，绘制引线后单击鼠标右键，打开"形位公差"对话框，单击对话框左侧的"符号"黑色方框，系统弹出如图 7-54 所示的"特征符号"对话框，如图 7-54 所示。

在对话框中进行恰当的设置，单击"确定"按钮关闭对话框，此时在命令行中出现"输入公差位置"提示，十字光标处跟随一个公差框格，移动光标至合适处，单击鼠标左键，完成公差框的定位。

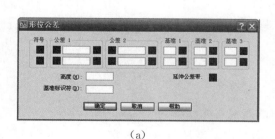

（a）

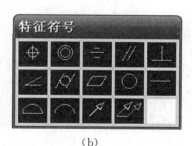

（b）

图 7-54　"形位公差"对话框

3. 尺寸公差标注（Tolerance）

在 AutoCAD 系统中，尺寸公差标注是由标注样式控制的，而形位公差的标注是通过专门的标注工具实现的。

打开"标注样式管理器"对话框，选取"线性标注"标注样式，单击"替代"按钮。系统打开"替代标注样式"对话框，在"新样式名"文本框中输入新建标注样式的名称，"副本 ISO-25"是所建新样式的系统默认名称。在"基础样式"下拉列表框中选择建立新样式的基础样式，新样式的默认设置为基础样式完全相同，用户可通过修改，其中一个或几个参数建立新样式，从而减少设置标注样式的工作量。

设置完参数后，单击继续按钮即进入"新建标注样式"对话框，对话框中有"线""符号和箭头""文字""调整""主单位""换算单位"和"公差"7 个选项卡，分别用于设置新标注样式的不同参数。将"公差"选项卡设置为当前，完成如图 7-55 所示的各项参数值的设置。

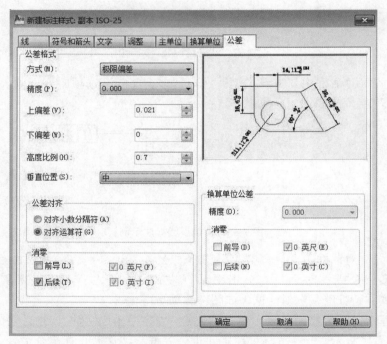

图 7-55　"公差"选项卡

单击"确定"按钮，返回到"标注样式管理器"对话框，单击"置为当前"按钮，并关闭对话框。重新启动线性标注命令，即可完成尺寸及偏差的标注。

7.5.2　文本标注

1. 设置文字样式（style）

文字样式包括字体、字型，以及字体的其他具体参数。

单击"文字"工具栏中"文字样式"　按钮，系统打开"文字样式"对话框，可设置新的文字样式，并可以修改已有的文字样式，如图 7-56 所示。

对话框中各选项的含义和功能如下：

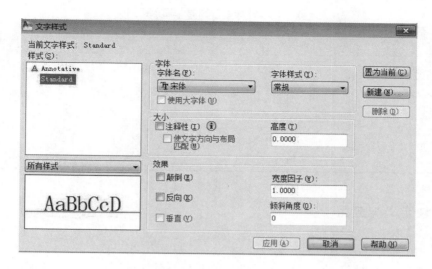

图 7-56 "文字样式"对话框

① "样式名"选项组：用于建立新的文字样式，对已有的文字样式进行更名或删除。

② "字体"选项组：用于选择字体文件。

③ "效果"选项组：用于确定字体的特征。

④ "预览"选项组：用于预显示选定字体样式。

⑤ "应用"按钮：用于将当前确定的字体样式应用于当前图形中。

2. 输入文本

在 AutoCAD 中，系统提供了如下 3 个文本输入命令：单行文本输入命令（Dtext）、多行文本输入命令（Mtext）特殊字符输入。

（1）单行文本输入（Dtext）

用于在绘图区中指定位置输入单行文字。单击"文字"工具栏中"单行文字" **AI** 按钮，指定文字起点、高度和旋转角度后，就可以在绘图区指定位置内书写文字。

（2）多行文本输入（Mtext）

用于在绘图窗口中按指定文字行宽标注多行文本。单击"文字"工具栏中"多行文字" **A** 按钮，在命令行提示下指定两点，系统以这两点为对角点形成一个矩形区域，并将出现如图 7-57 所示的"文字格式"对话框，用于设置文字标注的样式。其中字体下拉列表框和字号下拉列表框分别用来设置文字的字体及字号。

图 7-57 "文字格式"对话框

（3）特殊字符输入

在绘图过程中，有时需要输入一些键盘上没有的特殊符号，AutoCAD 中规定了用于输入这些特殊字符的代码，见表 7-11。

表 7-11　特殊字符代码及输入实例

特殊字符	代码	实例	键盘输入
ϕ	%%c	ϕ50	%%c50
°	%%d	60°	60%%d
±	%%p	±0.008	%%p0.008
%	%%%	30%	30%%%

7.5.3　块定义与应用

1. 块的概念及功能

块是由多个对象组合在一起，并作为一个整体来使用的图形对象，其功能如下。

（1）节省存储空间

插入图块在存储时不必存储其中每个对象的信息，只存储图块名及插入点的坐标等信息，可以有效地节省图形的存储空间。

（2）方便图形修改

修改图形时，可通过修改图块或重新定义图块的方式修改图中所有插入该图块的图形。

（3）提高绘图效率

对于常用图形，可利用图块生成图形库，避免重复劳动，大大提高绘图效率。

2. 块的创建

AutoCAD 还没有将粗糙度标注作为一个特殊对象进行处理，只能利用块插入来完成粗糙度符号的标注。

【例题 7-1】　绘制如图 7-58 所示的粗糙度符号，并将其创建成图块。

【绘图步骤】

1. 绘制表面粗糙度符号

按照《机械制图》国家标准有关规定，表面粗糙度符号的绘制要求如图 7-58 所示。其中 $H_1 = 1.4h$；$H_2 = 2.1H_1$；$h =$ 图中尺寸数字的高度。

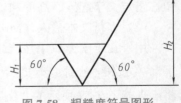

图 7-58　粗糙度符号图形

单击绘图工具栏中的"正多边形" ⬠ 按钮，命令行提示：

输入边的数目<4>：6↙

指定正多边形的中心点或［边（E）］：（在绘图区指定正六边形的中心点）

输入选项［内接于圆（I）/外切于圆（C）］<I>：c↙

指定圆的半径：5↙

完成正六边形的绘制后，利用"直线"命令并删除多余线段，将正六边形改画成表面粗糙度符号（图 7-59）。

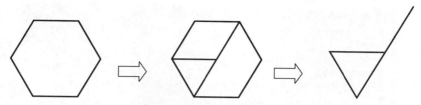

图 7-59 绘制表面粗糙度符号

2. 将定义表面粗糙度符号创建成带属性的块

（1）定义属性

选择下拉菜单"绘图"→"块"→"定义属性"菜单项，系统弹出如图 7-60 所示的"属性定义"对话框。对话框中的"标记"文本框中，输入用来确认属性的名称"Ra"；文字选项栏中，确定属性文字栏中的对齐方式、文字样式、文字高度和旋转角度等信息；单击"确定"按钮，关闭对话框。在绘图区指定参数 Ra 值的位置，完成表面粗糙度符号的属性定义（图 7-61）。

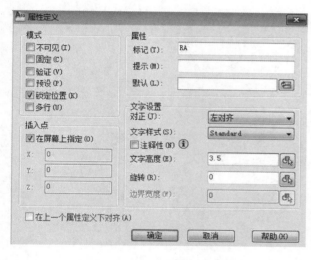

图 7-60 "属性定义"对话框

图 7-61 创建带属性的快

（2）创建块

单击绘图工具栏中的"创建块"  按钮，系统弹出"块定义"对话框，如图 7-62 所示。在名称列表中输入"表面粗糙度"，分别点击"选择对象"及"基点"按钮，在绘图区选择表面粗糙度符号及确定块插入时所用的基准点，单击"确定"按钮，打开"属性定文"对话框，如图 7-63 所示。可在对话框中的文本框内输入具体数值，也可保持空白，单击"确定"按钮，表面粗糙度块创建完成（图 7-64）。

（3）将块保存为文件

使用"创建块"命令创建的块只能在当前图形中使用，而粗糙度是一个常用符号，还需要在其他图形中使用，则需要使用 WBLOCK 命令，将块保存为 .dwg 格式的图形文件。

WBLOCK 命令是一个特殊命令，下拉菜单和工具条上都没有此项命令，只能从命令行中输入。命令输入后，系统弹出如图 7-65 所示的"写块"对话框。

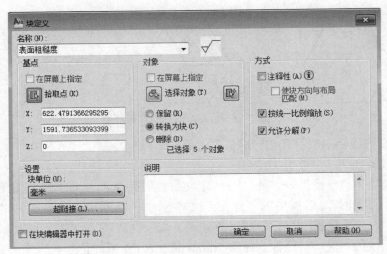

图 7-62　"块定义"对话框

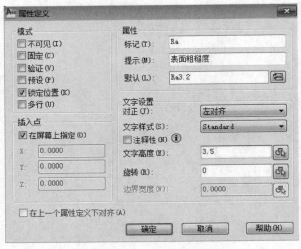

图 7-63　"属性定义"对话框

图 7-64　创建成块的表面粗糙度符号

（4）用块插入的方式标注表面粗糙度

选择下拉菜单"插入"→"块"命令，或单击"绘图"工具条中的"插入块" <kbd></kbd> 按钮，系统弹出"插入"对话框，如图 7-66 所示。

除了直接进行块插入操作外，还可以选取提示中的其他选项对块进行缩放和旋转。

7.5.4　块的分解

块作为一个对象处理方便了用户的操作管理，但如果需要删除块中的个别图素时，就要单击"修改"工具栏中"分解" <kbd></kbd> 按钮，选取需要分解的块，单击鼠标右键结束对象选择，块就分解成为多个图形独立元素对象。

图 7-65 "写块"对话框

图 7-66 "插入"对话框

7.6 计算机绘制零件图实例

本节重点

（1）理解绘制零件图的方法和步骤；

（2）能够根据简单典型零件的实物或轴测图，绘制零件图。

7.6.1 基本要求（见表 7-11）

表 7-11 工业产品类 CAD 类 CAD 技能一级考评表

考评内容	技能要求	相关知识
零件图绘制	零件图绘制技能	• 形体的二维表达方法； • 零件视图的选择； • 文字和尺寸的标注； • 表面粗糙度、尺寸公差的标注

7.6.2 读零件图的方法和步骤

想要完整、正确绘制零件图，首先要掌握识读零件图的要领。零件图的读图要求是：了解零件的名称、材料和用途；通过分析视图，想象出组成零件各部分的结构形状，以及它们之间的相对位置；分析零件的尺寸和技术要求，对零件的制造方法做到心中有数。

1. 看标题栏，粗略了解零件

看标题栏，了解零件的名称、材料、数量、绘图比例等，从而大体了解零件的功用。必要时，最好对着机器、部件实物或装配图，通过了解零件的装配关系，达到对零件功用的初步了解。

2. 分析视图方案，明确表达目的

从主视图出发，分析零件各视图之间的配置，以及相互之间的投影关系，运用组合体的读图方法——形体分析法和线面分析法，想象出零件的形状。

3. 分析尺寸和技术要求

分析零件长、宽、高三个方向的尺寸基准，找出各部分的定形、定位尺寸。分析零件的尺寸公差、形位公差、表面粗糙度和其他技术要求，弄清楚零件的尺寸精度要求和表面的加工要求，以便进一步考虑相应的加工方法。

4. 综合归纳，看懂全图

零件图表达了零件的结构形式、尺寸及其精度要求等内容，它们之间是相互关联的，读图时，要将图形、尺寸和技术要求等全面系统地联系起来综合考虑，得出零件的整体结构、尺寸大小、技术要求及零件的作用等完整的概念。

7.6.3 绘图实例

【例题 7-2】如图 7-67 所示，根据零件轴测图，绘制轴的零件图。

【作法】

1. 读零件图

（1）概括了解

图 7-67 所示零件的名称为轴，是用来传递动力的，材料为中碳钢（45 钢），绘图比例为 1∶1。

（2）分析视图方案

由零件的轴测图可以看出，该轴有 4 个直径不同的轴段组成。左端轴头切出一水平槽；右端轴头有 M16-6g 的外螺纹，以及螺纹退刀槽；轴身有键槽和两个越程槽。

按零件加工位置和反应形状特征方向确定主视图。将轴线水平放置，直径较大的轴头放置左侧。

（3）分析尺寸和技术要求

轴类零件的径向尺寸基准为回转体的轴线，长度方向的尺寸基准为 $\phi32$ 轴段右端面，轴的左右端面为长度方向辅助基准。该轴直径尺寸 $\phi22js6$ 和 $\phi24h7$ 为配合尺寸，是轴的主要尺寸。键槽断面图的尺寸标注，需要按照国家标准规定，查表得出。各组成部分的

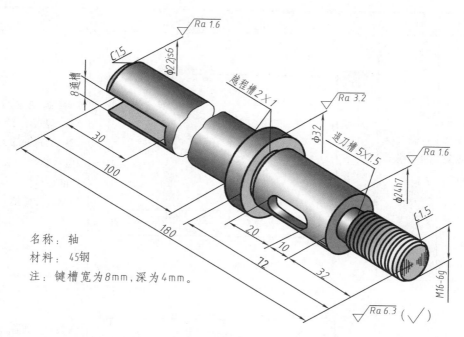

图 7-67　阶梯轴的轴测图

定形和定位尺寸，可自行分析。

　　该零件表面粗糙度共有 3 级要求，由图 7-67 中可知，最高的表面粗糙度 Ra 值为 $1.6\mu m$，分别是直径为 $\phi22js6$ 和 $\phi24h7$ 的轴段。由此可知，配合表面的尺寸精度及表面质量要求较高。一般加工面的表面粗糙度 Ra 值为 $6.3\mu m$。

　　2. 绘图步骤（见表 7-12）

表 7-12　计算机绘制零件图的步骤

步骤	图层	绘图效果	备　注
第一步 建立样板图	粗实线层		建立样板图：包括：选择图幅，创建图层，设置文字样式和尺寸，标注样式，绘制并填写标题栏等内容

步骤	图层	绘图效果	备　注
第二步 绘制主视图的外轮廓	点画线层 粗实线层	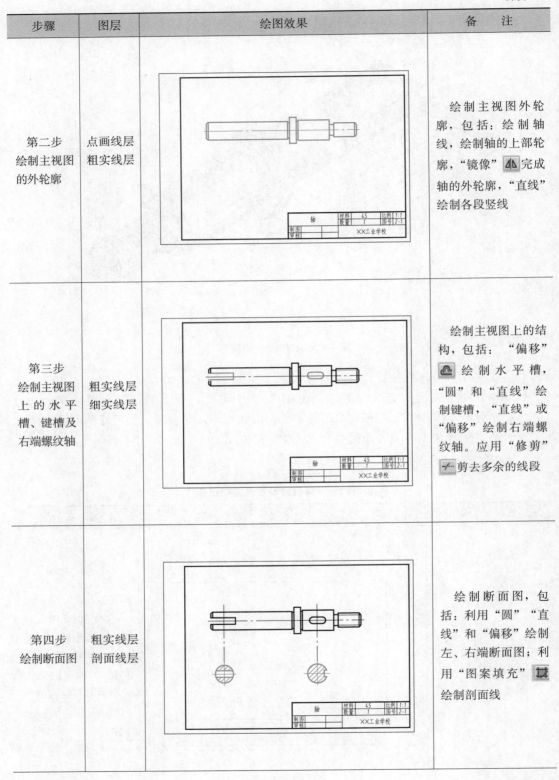	绘制主视图外轮廓，包括：绘制轴线，绘制轴的上部轮廓，"镜像" ◢◣ 完成轴的外轮廓，"直线"绘制各段竖线
第三步 绘制主视图上的水平槽、键槽及右端螺纹轴	粗实线层 细实线层		绘制主视图上的结构，包括："偏移" ⬓ 绘制水平槽，"圆"和"直线"绘制键槽，"直线"或"偏移"绘制右端螺纹轴。应用"修剪" ⤢ 剪去多余的线段
第四步 绘制断面图	粗实线层 剖面线层		绘制断面图，包括：利用"圆""直线"和"偏移"绘制左、右端断面图；利用"图案填充" ▨ 绘制剖面线

续表

步骤	图层	绘图效果	备　注
第五步 标注轴向尺寸	尺寸层	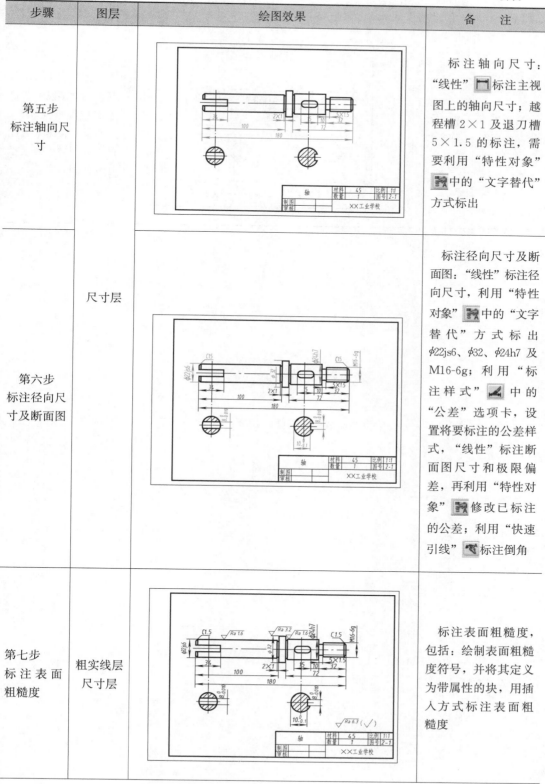	标注轴向尺寸："线性" ⬚ 标注主视图上的轴向尺寸；越程槽 2×1 及退刀槽 5×1.5 的标注，需要利用"特性对象" ⬚ 中的"文字替代"方式标出
第六步 标注径向尺寸及断面图			标注径向尺寸及断面图："线性"标注径向尺寸，利用"特性对象" ⬚ 中的"文字替代"方式标出 $\phi22js6$、$\phi32$、$\phi24h7$ 及 M16-6g；利用"标注样式" ⬚ 中的"公差"选项卡，设置将要标注的公差样式，"线性"标注断面图尺寸和极限偏差，再利用"特性对象" ⬚ 修改已标注的公差；利用"快速引线" ⬚ 标注倒角
第七步 标注表面粗糙度	粗实线层 尺寸层		标注表面粗糙度，包括：绘制表面粗糙度符号，并将其定义为带属性的块，用插入方式标注表面粗糙度

步骤	图层	绘图效果	备　注
第八步 标注断面图	粗实线 细实线		标注断面图，包括：用"多段线"绘制剖切符号及箭头，并将其定义为带属性的块，用插入方式标注断面图

第8章 装 配 图

任何机器或部件都是由若干个零件，按照一定的装配关系和要求装配而成的。表达一台机器或设备的图样，称为装配图。

8.1 装配图的作用和内容

本节重点

了解装配图的作用和内容。

8.1.1 装配图的作用

装配图表达了机器或部件的工作原理、结构性能及零件间的装配关系。它是表示产品及其组成部分的连接、装配关系和有关技术要求的图样。在产品设计中，一般先画出装配图，然后根据装配图设计零件，画出零件图。在产品制造中，装配图是制定装配工艺规程，进行装配、检验和调试的依据。在使用和维修中，也要通过装配图了解机器的构造。总之，装配图是反映设计思想、进行装配加工、使用和维修机器，以及进行技术交流的重要技术文件。

图 8-1 为滑动轴承的轴测分解图，图 8-2 为滑动轴承的装配图。

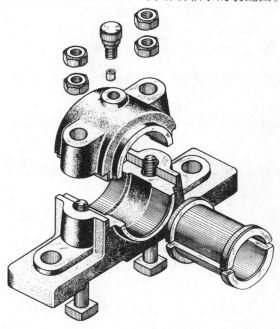

图 8-1 滑动轴承的轴测分解图

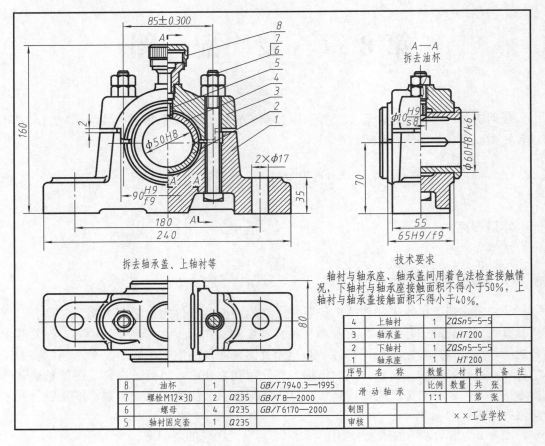

图 8-2　滑动轴承装配图

8.1.2　装配图的内容

从图 8-2 中可以看出，一张完整的装配图应包括下列基本内容。

1. 一组视图

用以表达机器或部件的工作原理、结构形状，以及零件间的装配、连接关系。

2. 必要的尺寸

用以表明机器或部件的性能、规格、外形及装配、检验和安装时所必要的尺寸。

3. 技术要求

用符号或文字说明机器或部件的性能、装配、检验、调试、安装和使用等方面的要求。

4. 零件序号、明细栏和标题栏

根据生产组织管理的需要，装配图应对每种零件编写序号，并在标题栏上方画出明细栏，然后按零件序号在上面填写每种零件的名称、数量和材料等内容。标题栏中填写机器或部件名称、比例、图号和有关责任者签名。

8.2 装配图的视图选择和画法

本节重点

（1）理解装配图的视图选择原则；

（2）了解装配图的基本画法和简化画法。

装配图和零件图一样，都是按照投影原理画出的。在表达装配体结构时，应按国家标准的规定，将装配体的内外结构和形状表示清楚。前面介绍的机件图样画法和选用原则，都适用于装配体，但由于装配图和零件图所需要表达的重点不同，因此国家标准对装配图的画法，另有相应的规定。国家标准《机械制图》对装配图制定了规定画法、特殊画法和简化画法。

8.2.1 装配图视图的选择

装配图视图选择的一般原则有如下两个。

1. 主视图

一般将装配体的工作位置作为选取主视图的位置，以最能反映装配体的装配关系、传动路线、工作原理及结构形状的方向作为画主视图的方向。

2. 其他视图

主视图未能表达清楚的装配关系及传动路线，应根据需要配以其他基本视图、斜视图或旋转视图等，根据结构要求也可作适当的剖视图、剖面图，同时应照顾到图幅的布局。

8.2.2 装配图的画法

1. 装配图中的规定画法

在装配图中，为了便于区分不同的零件，正确地表达出零件之间的关系，在画法上有以下规定，如图 8-3 所示。

（1）紧固件和实心件的画法

在装配图中，当剖切平面通过紧固件（螺栓、螺钉、螺母等）等，以及实心件（轴、连杆、手柄、球、键、销等）的对称平面或回转轴线时，这些零件均按不剖绘制。如有需要特别表明的零件结构，如键槽、销孔等，则可采用局部剖视表示。

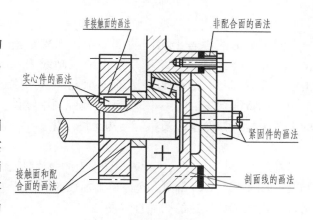

图 8-3 装配图中的规定画法

（2）相邻零件接触面和配合面轮廓线的画法

在装配图中，两个相邻零件的接触面或配合表面只画一条轮廓线，非接触面或非配合面不论间隙大小都必须画出两条线。

（3）剖面线的画法

同一个零件的剖面线在各个视图、断面图中应保持方向相同；相邻零件的剖面线方向应不同或间隔不相等。

2. 装配图中的特殊画法

（1）拆卸画法

在装配图中，当某些零件遮住了所需表达的结构时，可将这些零件拆卸后绘制，并在图上加以文字说明，如"拆去××"，见图 8-2 所示的俯视图，将轴承盖等零件拆去后，使得下面的零件表达更清楚。

（2）假象画法

对于部件中某些零件的运动范围、极限位置或中间位置，可用双点画线绘出其轮廓，如图 8-4（a）所示；对于需要所画装配体与相邻零件或部件的关系时，可用双点画线绘出其相邻零件的轮廓，如图 8-4（b）所示。

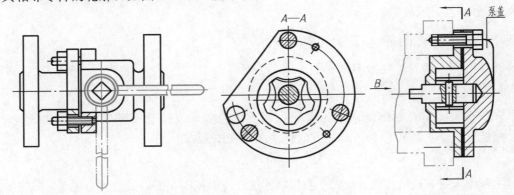

(a) 零件运动范围的画法　　　　**(b) 与装配体相邻零件的画法**

图 8-4　装配图的假象画法

3. 装配图中的简化画法与夸大画法

（1）简化画法

对于装配图中若干相同的零件组，如螺钉连接等，允许详细画出一组，其余用细点画线表示出中心位置即可；装配图中滚动轴承允许采用规定画法和特征画法，如图 8-5 所示；装配图中零件的工艺结构，如倒角、圆角等结构允许简化。

（2）夸大画法

在装配图中，为了清晰地表达图形上的薄片厚度和较小的间隙时（≤2mm），允许适当加以夸大后画出，以增加图形表达的明显性（图 8-5）。

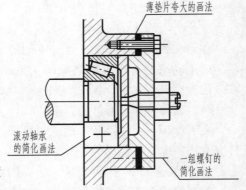

图 8-5　装配图的简化画法和夸大画法

8.3　装配图的尺寸标注和技术要求

本节重点

（1）理解装配图的尺寸标注；

（2）熟悉公差配合在装配图上的标注和识读。

8.3.1 装配图中的尺寸标注

装配图上标注尺寸与零件图标注尺寸的目的不同，装配图主要表示机器（或部件）零件之间的装配关系和工作原理，并用来指导装配工作，因此装配图中不需要标注零件的全部尺寸，只需要注出与部件装配、检测、安装、运输及使用有关的几种必要尺寸。

（1）规格（性能）尺寸

表示机器、部件规格和性能的尺寸，是设计和选用部件的主要依据。见图 8-2 中轴孔直径 ϕ60H8 等。

（2）装配尺寸

表示部件中与装配有关的尺寸，是装配工作的主要依据，是保证部件性能的重要尺寸，如配合尺寸、连接尺寸和重要相对位置尺寸。见图 8-2 中，轴承盖和轴承座的配合尺寸 ϕ90H9/f9；表示两连接螺栓之间的中心距（定位尺寸）85±0.3；表示主要零件重要相对位置的中心高 70。

（3）安装尺寸

表示装配体在安装时所需要的尺寸。见图 8-2 中底板上的小孔尺寸 2×ϕ17，孔间距 180。

（4）外形尺寸

表示装配体外形轮廓的大小，即总长、总宽和总高。外形尺寸为装配体在包装、运输和厂房设计时提供尺寸依据。见图 8-2 中的尺寸 240、80 和 160。

除上述尺寸外，有时还要标注其他重要尺寸，见图 8-2 中轴衬宽度尺寸 80、底座宽度尺寸 55 等。

以上 5 类尺寸，并不是所有装配图都应具备的，有时同一个尺寸可能有不同含义。因此，装配图上应标注哪些尺寸，需要根据具体情况而定。

＊ 配合在装配图上的标注和识读

基本尺寸相同、相互结合的孔与轴公差带之间的关系，称为配合。根据不同的使用要求，孔和轴之间的配合有松有紧。为此，国家标准规定配合分为三种：间隙配合、过渡配合和过盈配合。

如图 8-6 所示，当基本偏差为一定的孔的公差带，与不同基本偏差的轴的公差带形成的各种配合，称为基孔制配合。

如图 8-7 所示，当基本偏差为一定的轴的公差带，与不同基本偏差的孔的公差带形成的各种配合，称为基轴制配合。

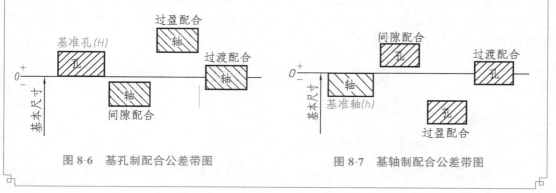

图 8-6 基孔制配合公差带图　　　　图 8-7 基轴制配合公差带图

孔、轴配合的标注形式与含义，如图 8-8 所示。

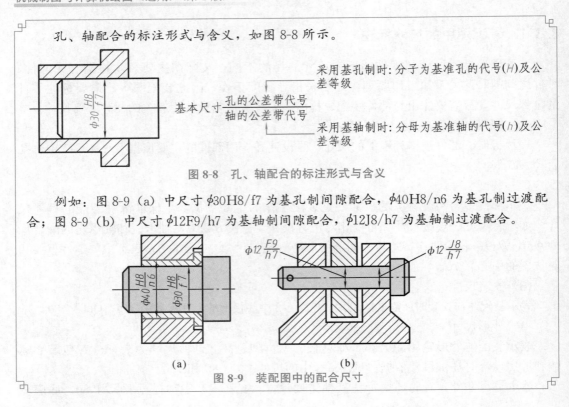

图 8-8　孔、轴配合的标注形式与含义

例如：图 8-9（a）中尺寸 $\phi30H8/f7$ 为基孔制间隙配合，$\phi40H8/n6$ 为基孔制过渡配合；图 8-9（b）中尺寸 $\phi12F9/h7$ 为基轴制间隙配合，$\phi12J8/h7$ 为基轴制过渡配合。

図 8-9　装配图中的配合尺寸

8.3.2　装配图上的技术要求

由于装配图的性能和用途各不相同，因此其技术要求也不同，拟定装配体要求时应具体分析，一般从以下三个方面考虑。

（1）装配要求

指装配过程中的注意事项，以及装配后应达到的性能要求。

（2）检验要求

检验和试验方面的要求。

（3）使用要求

对装配图的性能、维护、保养和使用注意事项的说明等。

上述各项不是每张装配图都要求全部注写，应根据具体情而定。

技术要求一般注写在明细表的上方或图纸下部空白处，如果内容很多，也可以另外编写成技术文件作为图纸的附件。

8.4　装配图的零件序号和明细栏

本节重点

理解装配图中零件序号和明细栏的相关规定。

为了便于看图、装配加工和图样管理，装配图中所有的零、部件必须编写序号，同时要编制相应的明细栏。

8.4.1　零部件序号及其编排方法（GB/T 4458.2—2003）

1. 基本要求

①装配图中所有零件、部件均应编号。

②装配图中一个部件可只编一个序号，同一装配图中相同的零件、部件用一个序号，一般只标注一次。

③装配图中零件、部件的序号，应与明细栏中的序号一致。

2. 序号编排方法

①在水平线上和圆（细实线）内注写序号，字号比图中所注的尺寸数字的字号大一号，如图 8-10，序号也可以直接注在指引线附近应比尺寸数字大两号，如图 8-10。

②零件序号应按水平或垂直方向排列整齐，并按顺时针（或逆时针）方向顺次排列。同一张装配图中编排序号的形式应一致，一组紧固件及装配关系清楚的零件组，可采用公共指引线，如图 8-11 所示。

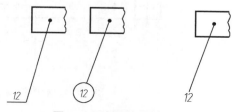

图 8-10　序号的编写方式

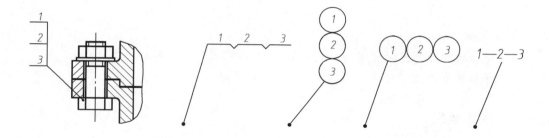

图 8-11　公共指引线的画法

③指引线应自所指部分的可见轮廓引出，并在末端画出一小圆点。若所指部分很薄或为涂黑的断面而不便画圆点时，可在指引线的末端画箭头指向该部分的轮廓，如图 8-12 所示。指引线不能相互交叉，当通过剖面区域时，也不能与剖面线平行。

8.4.2　标题栏和明细表

对于装配图中所用的标题栏及明细表的格式和内容，在制图作业中建议采用图的格式，如图 8-13 所示。

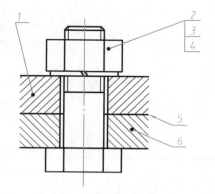

图 8-12　零件序号标注示例

明细表序号顺序自下而上填写，明细表的最上面的边框线规定用细实线绘制，以便在发现有漏编零件时可继续向上补填。明细表向上的位置不够时，可以延续放在标题栏的左边，见图 8-2。

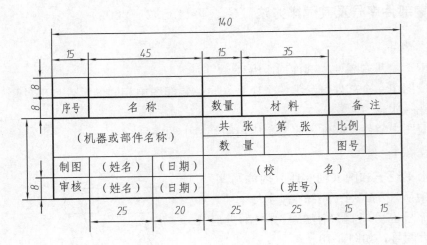

图 8-13　制图作业中建议采用的标题栏及明细表

8.5　计算机画装配图

本节重点

（1）掌握根据零件图按比例绘制装配图的方法；

（2）掌握装配图上尺寸标注及零件序号的标注方法。

8.5.1　基本要求

下面以工业产品类 CAD 技能一级考评的要求为例（见表 8-1）介绍计算机画装配图的基本要求。

表 8-1　工业产品类 CAD 技能一级考评表

考评内容	技能要求	相关知识
装配图的绘制	装配图绘制技能	• 装配图的图样画法； • 装配图的视图选择； • 装配图的标注、零件序号和明细栏； • 计算机拼画装配图

8.5.2　绘图实例

【例题】按照 1∶1 的比例，有选择地抄画所给零件图（图 8-14）。根据手动气阀装配示意图（图 8-15），由零件图拼画装配图主视图并标注零件序号。

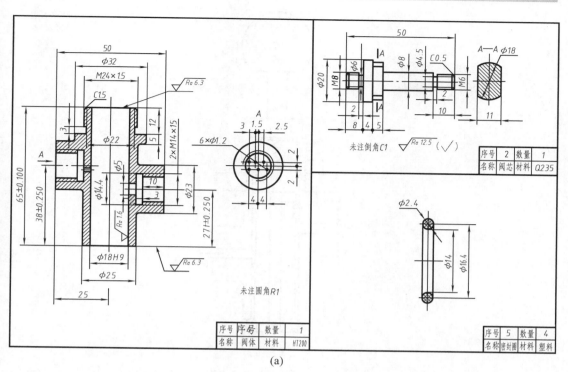

(a)

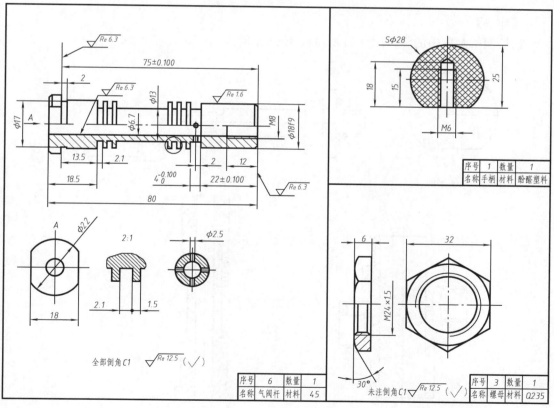

(b)

图 8-14 手动气阀零件图

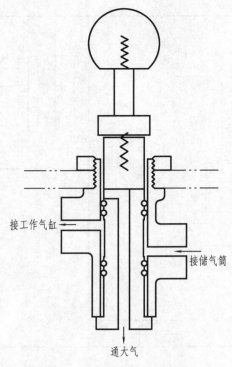

接工作气缸

接储气筒

通大气

图 8-15　手动气阀装配示意图

【作法】

①绘制拼画所需的零件图（图 8-16），绘图比例为 1：1。

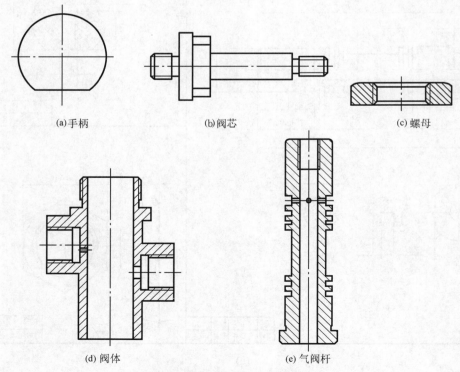

(a)手柄　　　　　　　　　(b)阀芯　　　　　　　　　(c)螺母

(d)阀体　　　　　　　　　(e)气阀杆

图 8-16　拼画装配图所需的零件图

②由零件图拼画装配图主视图的步骤，见表 8-2。

表 8-2　由零件图拼画装配图主视图

步　骤	绘图效果	备　注
第一步 将气阀杆装入阀体		
第二步 将阀芯装入气阀杆		利用"移动" ✛命令，配合"对象捕捉""对象追踪"功能，将零件装配到位； 利用"修剪" ✄和"删除" ✐命令，去除零件间相互遮挡的轮廓； 利用"图案填充" ▨绘制剖面线，相邻零件的剖面线方向相反
第三步 装入手柄和螺母		

步骤	绘图效果	备　注
第四步 画密封圈		
第五步 标注零件序号		利用"快速引线" ，标注 零件序号

第9章　装配体中的零件测绘

对现有的机器或部件进行分析与测量，并绘制出零件图的过程称为零件测绘。在仿制、改进或维修机器时，经常要进行零件的测绘工作。

9.1　测绘装配体中的零件

本节重点

（1）掌握典型零件测绘的方法和步骤；

（2）能绘制典型零件的零件图；

（3）*能用计算机软件绘制部分机械图样。

零件测绘的一般方法步骤

下面以微型调节支撑为例说明测绘的步骤和方法。

1. 测绘前准备工作

测绘之前，一般应根据所测绘的机器或部件复杂程度编制测绘计划，准备必要的拆卸工具和量具，如扳手、榔头、改锥、铜棒、钢板尺、游标卡尺等，还应准备好标签及绘图工具。

2. 研究测绘对象（图 9-1）

首先了解被测零件的名称、类型、用途和材料，在机器中的作用，与其他件的装配关系，以及制造方法等。

微型调节支撑用来支撑不太重的工件，并可根据需要调节其支撑高度，共由 5 个零件组成。套筒与底座用细牙螺纹连接。带有螺纹的支撑杆插入套筒的圆孔中。转动带有螺孔的调节螺母可使支撑杆上升或下降，以支撑住工件。螺钉旋进支撑杆的导向槽，使支撑杆只能作升降运动而不能做旋转运动；同时螺钉还可用来控制支撑杆上升的极限位置。调节螺母下端的凸缘与套筒上端的凹槽配合，以增强调节螺母转动的平稳性。

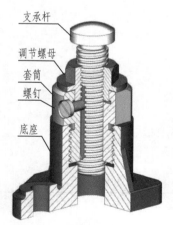

图 9-1　微型调节支撑轴测图

3. 分析结构形状确定表达方法

根据零件的形体特征、工作位置或加工位置确定主视图，再按零件的内外结构特点选用必要的其他视图，各视图的表达方法都应有一定的目的。视图表达方案要求：正确、完整、清晰和简练。如底座（图 9-2）选用全剖主视图、局部剖左视图及俯视图，完整、清晰地表示底座阀盖各部分的形状和相对位置。

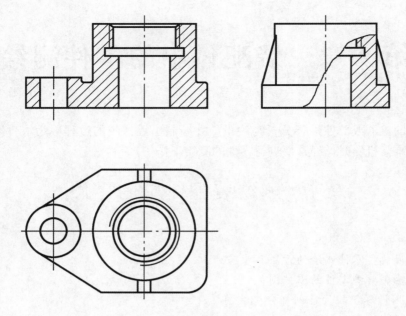

图 9-2　底座的表达方案

4. 绘制草图（图 9-3）

由于测绘工作之初是在现场进行，因此采用徒手目测的方法绘制零件草图。画草图的步骤与画零件工作图相同，不同之处是目测零件各部分的比例大小，徒手画出图来。

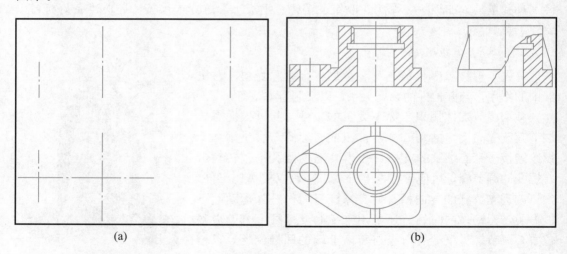

(a)　　　　　　　　　　　　　　　　(b)

图 9-3　草图的绘制

5. 确定零件的尺寸基准

该零件的高度方向尺寸以底面为基准，而长度方向尺寸是以配合孔的轴线为主要基准，宽度尺寸的基准是零件的对称平面。

6. 量注尺寸（图 9-4）

测量各类尺寸，并逐一填写在相应的尺寸线上。测量尺寸时应注意以下几点：

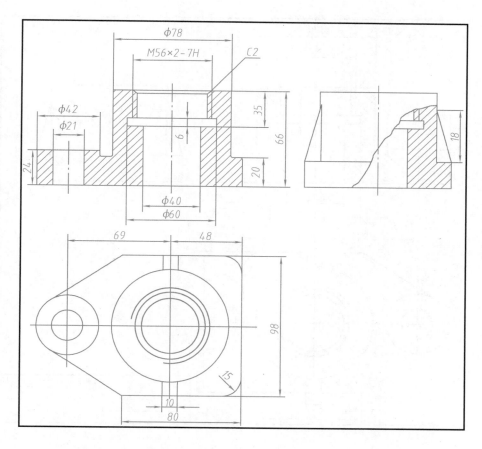

图 9-4　标注尺寸

①测量尺寸应取整数。

②相配合两零件的配合尺寸应一致，一般只在一个零件上测量。

③对一些重要尺寸仅靠测量还不够，还需经过计算校验，如一对啮合齿轮的中心距等。

④零件上已标准化的结构尺寸，如倒角、倒圆、键槽、退刀槽和螺纹等结构的尺寸，需查阅有关标准来确定。零件上与标准零、部件（如滚动轴承等）相配合的轴与孔的尺寸，可通过标准零、部件的型号查表确定，一般不需测量。

⑤要避免产生较大的测量误差，如总体测出能一次测出就不要分段测出后相加。

7. 确定并标注有关技术要求（图 9-5）

①表面粗糙度参数值应根据实践经验及零件各表面的作用和加工情况确定，或参考类似零件图例比较确定。

②根据零件的设计使用要求和尺寸的作用，查阅有关书籍及资料，确定零件的尺寸公差、形位公差及热处理等技术要求。此项工作可在画零件图中进行。

8. 检查、填写标题栏，完成草图

检查、填写标题栏，完成草图。

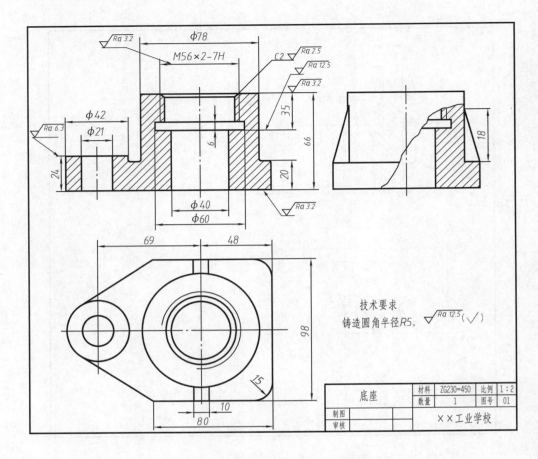

图 9-5　标注有关的技术要求，完成草图绘制

9.2　零件的尺寸测量

9.2.1　常用的测量工具

测量精度不高的尺寸常用的工具有：钢直尺、内卡钳、外卡钳等，测量较精密的尺寸，则需用游标卡尺和千分尺等，如图 9-6 所示。

(a) 钢直尺　　　　　　　　　　　　　　　　　(b) 内、外卡钳

图 9-6

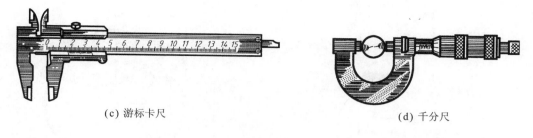

(c) 游标卡尺   (d) 千分尺

图 9-6 常用量具（续）

9.2.2 一般的测量方法

1. 线性尺寸的测量方法

线性尺寸测量一般用直尺直接测量，有时也可用三角板与直尺配合进行（图 9-7）。若要求精确时，则用游标卡尺。

图 9-7 线性尺寸的测量方法

2. 直径尺寸的测量方法

测量外径用外卡钳（图 9-8（a）），测量内径用内卡钳（图 9-8（b）），测量时要将内、外卡钳上下、前后移动，量得的最大值为其内径或外径。用游标卡尺测量时的方法与用内、外卡钳时相同（图 9-8（c））。

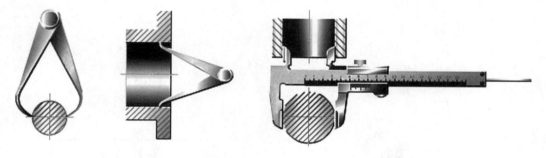

（a）外卡钳测量外径   （b）内卡钳测量内径   （c）游标卡尺测量直径

图 9-8 直径尺寸的测量方法

3. 零件壁厚的测量方法

可用外卡钳与直尺配合使用，测量零件的壁厚。如图 9-9 所示，零件壁厚 $X=A-B$。

4. 孔间距的测量方法

孔间距用外卡钳测量相关尺寸，再进行计算。如图 9-10 所示，孔间距 $a=b-d$。

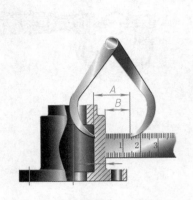

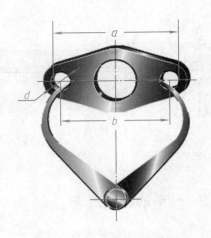

图 9-9　零件壁厚的测量方法

图 9-10　孔间距的测量方法

5. 测量轴孔中心高的测量方法

测量轴孔中心高，用外卡钳及
直尺测量相关尺寸，再进行计算。如
图 9-11 所示，轴孔的中心高 $A=B+D/2$。

6. 螺纹螺距的测量方法

可用螺纹规或拓印法测量螺距
的数据。对于外螺纹，测大径和螺
距；对于内螺纹，测小径和螺距，
然后查手册取标准值。

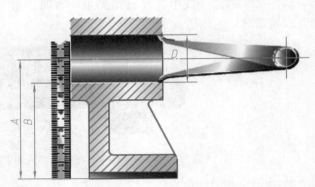

图 9-11　轴孔中心高的测量方法

拓印法测量螺距（图 9-12）：在没有螺纹规的情况下，则可以在纸上压出螺纹的印
痕，然后算出螺距的大小，根据算出的螺距再查手册取标准值。

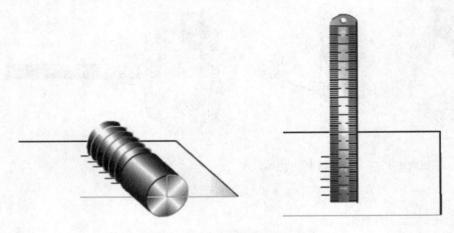

图 9-12　拓印法测量螺距

螺纹规测量螺距（图 9-13）：螺纹规由一组钢片组成，每一钢片的螺距大小均不相
同，测量时只要某一钢片上的牙型与被测量的螺纹牙型完全吻合，则钢片上的读数即为

其螺距大小。

图 9-13　螺纹规测量螺距

*9.3　计算机绘制零件工作图及装配图

　　利用计算机绘制零件工作图之前，应对零件草图进行复检，检查零件的表达是否完整，尺寸有无遗漏、重复，相关尺寸是否恰当、合理等，从而对草图进行修改、调整和补充；然后选择适当的比例和图幅，按草图所注尺寸完成零件工作图的绘制。微型调节支撑零件图，如图 9-14 所示。根据零件图，拼画微型调节支撑装配图如图 9-15 所示。

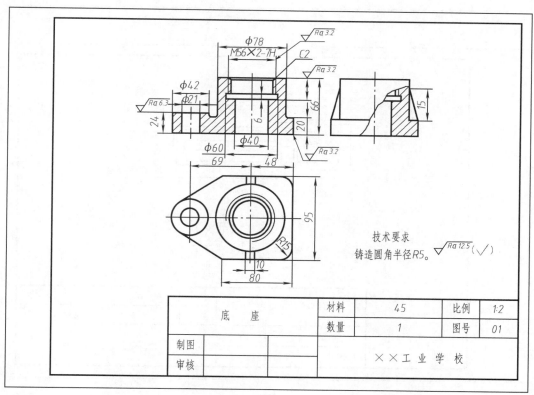

(a)

图 9-14

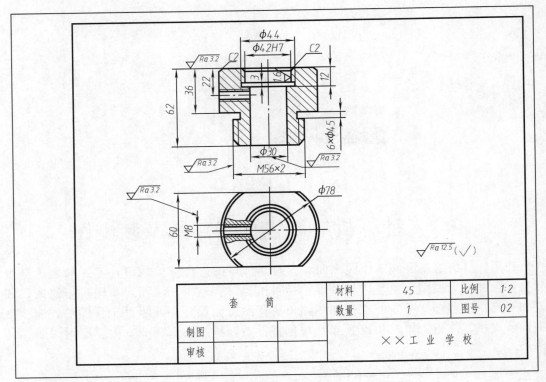

套　筒		材料	45	比例	1:2
		数量	1	图号	02
制图			××工业学校		
审核					

(b)

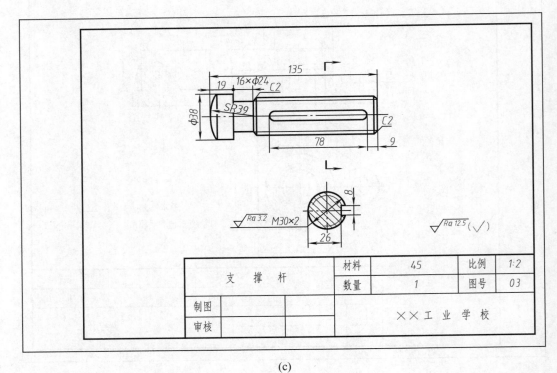

支　撑　杆		材料	45	比例	1:2
		数量	1	图号	03
制图			××工业学校		
审核					

(c)

图 9-14（续）

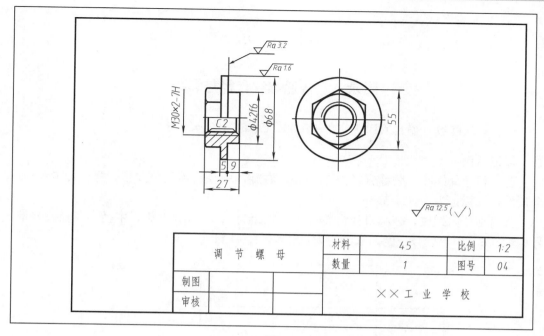

调 节 螺 母		材料	45	比例	1:2
		数量	1	图号	04
制图			×× 工 业 学 校		
审核					

(d)

图 9-14　微型调节支撑零件图（续）

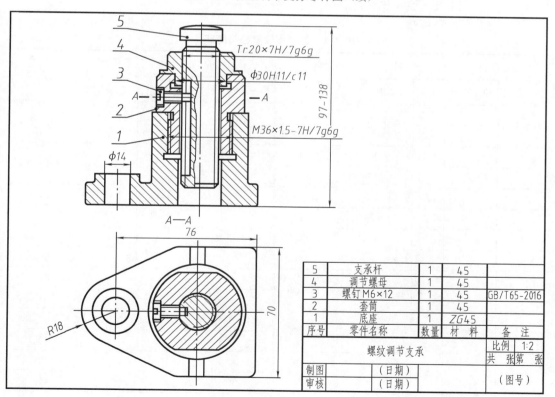

5	支承杆	1	45	
4	调节螺母	1	45	
3	螺钉 M6×12	1	45	GB/T65-2016
2	套筒	1	45	
1	底座	1	ZG45	
序号	零件名称	数量	材料	备 注
螺纹调节支承			比例	1:2
			共　张第　张	
制图		（日期）	（图号）	
审核		（日期）		

图 9-15　微型调节支撑装配图

附 录

附录 A 普通螺纹直径与螺距

一、普通螺纹（摘自 GB/T 193—2003，GB/T 197—2018）

标记示例：

普通粗牙外螺纹，公称直径为 24 mm，右旋，中径、顶径公差带代号 5g、6g，短旋合长度，其标记为：M24-5g6g-s

普通细牙内螺纹，公称直径为 24 mm，螺距为 1.5 mm，左旋，中径、顶径公差带代号均为 6H，中等旋合长度，其标记为：M24×1.5-LH

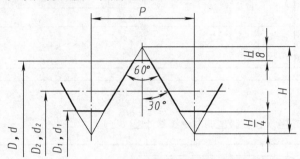

$$H=\frac{\sqrt{3}}{2}P$$

表 A-1 普通螺纹直径与螺距   mm

公称直径 D、d		螺距 P		粗牙小径 D_1、d_1	公称直径 D、d		螺距 P		粗牙小径 D_1、d_1
第一系列	第二系列	粗牙	细牙		第一系列	第二系列	粗牙	细牙	
3		0.5	0.35	2.459	20		2.5	2，1.5，1	17.294
	3.5	0.6		2.850		22	2.5	2，1.5，1	19.294
4		0.7	0.5	3.242	24		3	2，1.5，1	23.752
	4.5	0.75		3.688		27	3	2，1.5，1	23.752
5		0.8		4.134	30		3.5	(3)，2，1.5，1	29.211
6		1	0.75	4.917		33	3.5	(3)，2，1.5，(1)	29.211
8		1.25	1，0.75	6.647	36		4	3，2，1.5	31.670
10		1.5	1.25，1，0.75	8.376		39	4		34.670
12		1.75	1.5，1.25，1	10.106	42		4.5	4，3，2，1.5	37.129
	14	2	1.5，1	11.835		45	4.5		40.129
16		2	1.5，1	13.835	48		5		42.587
						52	5		46.587
	18	2.5	2，1.5，1	15.294	56		5.5	4，3，2，1.5	50.046

注：1. 优先选用第一系列，其次是第二系列，括号中的尺寸尽可能不用。

2. M14×1.25 仅用于发动机的火花塞。

二、55°非密封管螺纹（摘自 GB/T 7307—2001）

标记示例：

尺寸代号为 3/4 的 55°非密封的 A 级左旋管螺纹标记为：G3/4A—LH。

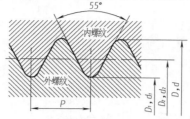

表 A-2　55°非密封管螺纹的基本尺寸

mm

尺寸代号	每 25.4mm 内的牙数 n	螺距 P	牙高 h	圆弧半径 $r \approx$	基　本　直　径		
					大径 $d = D$	中径 $d_2 = D_2$	小径 $d_1 = D_1$
1/16	28	0.907	0.581	0.125	7.723	7.142	6.561
1/8	28	0.907	0.581	0.125	9.728	9.147	8.566
1/4	19	1.337	0.856	0.184	13.157	12.301	11.445
3/8	19	1.337	0.856	0.184	16.662	15.806	14.950
1/2	14	1.814	1.162	0.249	20.955	19.793	18.631
5/8	14	1.814	1.162	0.249	22.911	21.749	20.587
3/4	14	1.814	1.162	0.249	26.441	25.279	24.117
7/8	14	1.814	1.162	0.249	30.201	29.039	27.877
1	11	2.309	1.479	0.317	33.249	31.770	30.291
1⅓	11	2.309	1.479	0.317	37.897	36.418	34.939
1½	11	2.309	1.479	0.317	41.910	40.431	38.952
1⅔	11	2.309	1.479	0.317	47.803	46.324	44.845
1¾	11	2.309	1.479	0.317	53.746	52.267	50.788
2	11	2.309	1.479	0.317	59.614	58.135	56.656
2¼	11	2.309	1.479	0.317	65.710	64.231	62.752
2½	11	2.309	1.479	0.317	75.184	73.705	72.226
2¾	11	2.309	1.479	0.317	81.534	80.055	78.576
3	11	2.309	1.479	0.317	87.884	86.405	84.926
3½	11	2.309	1.479	0.317	100.330	98.851	97.372
4	11	2.309	1.479	0.317	113.030	111.551	110.072
4½	11	2.309	1.479	0.317	125.730	124.251	122.772
5	11	2.309	1.479	0.317	138.430	136.951	135.472
5½	11	2.309	1.479	0.317	151.130	149.651	148.172
6	11	2.309	1.479	0.317	163.830	162.351	160.872

注：本标准适用于管接头、旋塞、阀门及其附件。

三、梯形螺纹（摘自 GB/T 5796.4—2022，GB/T 5796.3—2022）

标记示例：

单线右旋梯形内螺纹，公称直径为 40 mm，螺距为 7 mm，中径公差带代号为 7H，其标记为：Tr 40×7—7H。

双线左旋梯形外螺纹，公称直径为 40 mm，导程为 14 mm，中径公差带代号为 7e，其标记为：Tr 40×14P7—7e—LH。

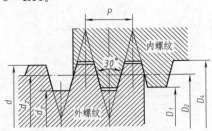

表 A-3　梯形螺纹直径与螺距系列、基本尺寸　　　　　mm

公称直径 d 第一系列	公称直径 d 第二系列	螺距 P	中径 $d_2=D_2$	大径 D_4	小径 d_3	小径 D_1
8		1.5	7.25	8.30	6.20	6.50
	9	1.5	8.25	9.30	7.20	7.50
		2	8.00	9.50	6.50	7.00
10		1.5	9.25	10.30	8.20	8.50
		2	9.00	10.50	7.50	8.00
	11	2	10.00	11.50	8.50	9.00
		3	9.50	11.50	7.50	8.00
12		2	11.00	12.50	9.50	10.00
		3	10.50	12.50	8.50	9.00
	14	2	13.00	14.50	11.50	12.00
		3	12.50	14.50	10.50	11.00
16		2	15.00	16.50	13.50	14.00
		4	14.00	16.50	11.50	12.00
	18	2	17.00	18.50	15.50	16.00
		4	16.00	18.50	13.50	14.00
20		2	19.00	20.50	17.50	18.00
		4	18.00	20.50	15.50	16.00
	22	3	20.50	22.50	18.50	19.00
		5	19.50	22.50	16.50	17.00
		8	18.00	23.00	13.00	14.00
24		3	22.50	24.50	20.50	21.00
		5	21.50	24.50	18.50	19.00
		8	20.00	25.00	15.00	16.00
	26	3	24.50	26.50	22.50	23.00
		5	23.50	26.50	20.50	21.00
		8	22.00	27.00	17.00	18.00
28		3	26.50	28.50	24.50	25.00
		5	25.50	28.50	22.50	23.00
		8	24.00	29.00	19.00	20.00
	30	3	28.50	30.50	26.50	27.00
		6	27.00	31.00	23.00	24.00
		10	25.00	31.00	19.00	20.00
32		3	30.50	32.50	28.50	29.00
		6	29.00	33.00	25.00	26.00
		10	27.00	33.00	21.00	22.00
	34	3	32.50	34.50	30.50	31.00
		6	31.00	35.00	27.00	28.00
		10	29.00	35.00	23.00	24.00
36		3	34.50	36.50	32.50	33.00
		6	33.00	37.00	29.00	30.00
		10	31.00	37.00	25.00	26.00
	38	3	36.50	38.50	34.50	35.00
		7	34.50	39.00	30.00	31.00
		10	33.00	39.00	27.00	28.00
40		3	38.50	40.50	36.50	37.00
		7	36.50	41.00	32.00	33.00
		10	35.00	41.00	29.00	30.00

注：优先选用第一系列。

四、倒角与倒圆

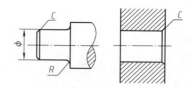

表 A-4　与直径 φ 相应零件的倒角宽度 C 与倒圆半径 R 的推荐值　　　mm

直径	～3	>3～6	>6～10	>10～18	>18～30	>30～50	>50～80	>80～120	>120～180	>180～250
C 或 R	0.2	0.4	0.6	0.8	1.0	1.6	2.0	2.5	3.0	4.0

五、砂轮越程槽（摘自 GB/T 6403.5—2008）

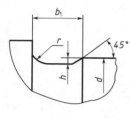

（a）磨外圆

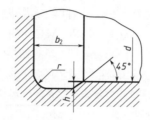

（b）磨内圆

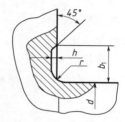

（c）磨外端面

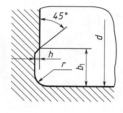

（d）磨内端面

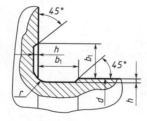

（e）磨外圆及端面

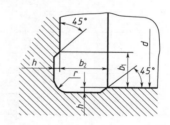

（f）磨内圆及端面

图 A-5　回转面及端面砂轮越程槽的形式

表 1　回转面及端面砂轮越程槽的尺寸　　　mm

b_1	0.6	1.0	1.6	2.0	3.0	4.0	5.0	8.0	10
b_2	2.0	3.0	4.0			5.0		8.0	10
h	0.1	0.2		0.3		0.4	0.6	0.8	1.2
r	0.2	0.5		0.8		1.0	1.6	2.0	3.2
d	～10			10～50			50～100	100	

注 1：越程槽内与直线相交处，不允许产生尖角。

注 2：越程槽深度 h 与圆弧半径 r，要满足 $r \leqslant 3h$。

223

附录B 标 准 件

一、螺栓

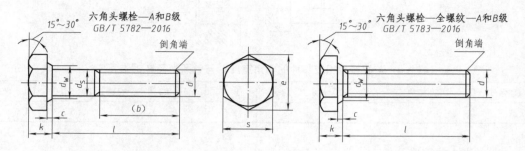

六角头螺栓—A和B级
GB/T 5782—2016

六角头螺栓—全螺纹—A和B级
GB/T 5783—2016

标记示例：

螺纹规格 d＝M12、公称长度 l＝80mm、性能等级为8.8级、表面氧化、产品等级为A级的六角头螺栓标记为：螺栓 GB/T 5782 M12×80。

螺纹规格 d＝M12、公称长度 l＝80mm、性能等级为8.8级、表面氧化、全螺纹、产品等级为A级的六角头螺栓标记为：螺栓 GB/T 5783 M12×80。

表B-1 六角头螺栓各部分尺寸　　　　　　　　　　　　　　　　　　　　mm

螺纹规格（d）				M5	M6	M8	M10	M12	M16	M20	M24	M30	M36	M42	M48
b 参 考	l≤125			16	18	22	26	30	38	46	54	66	—	—	—
	125＜l≤200			22	24	28	32	36	44	52	60	72	84	96	108
	l＞200			35	37	41	45	49	57	65	73	85	97	109	121
c	c_{min}			0.15	0.15	0.15	0.15	0.15	0.2	0.2	0.2	0.2	0.2	0.3	0.3
	c_{max}			0.50	0.50	0.60	0.60	0.60	0.8	0.8	0.8	0.8	0.8	1	1
	d_{amax}			5.7	6.8	9.2	11.2	13.7	17.7	22.4	26.4	33.4	39.4	45.6	52.6
d_s	公称直径最大			5.00	6.00	8.00	10.00	12.00	16.00	20	24	30	36	42	48
	公称直径最小	产品等级	A	4.82	5.82	7.78	9.78	11.73	15.73	19.67	23.67	—	—	—	—
			B	4.70	5.70	7.64	9.64	11.57	15.57	19.48	23.48	29.48	35.38	41.38	47.38
d_w	最小	产品等级	A	6.88	8.88	11.63	14.63	16.63	22.49	28.19	33.61	—	—	—	—
			B	6.74	8.74	11.47	14.47	16.47	22	27.7	33.25	42.75	51.11	59.95	69.45
e	最小	产品等级	A	8.79	11.05	14.38	17.77	20.03	26.75	33.53	39.98	—	—	—	—
			B	8.63	10.89	14.20	17.59	19.85	26.17	32.95	39.55	50.85	60.79	71.3	82.6
	l_{fmax}			1.2	1.4	2	2	3	3	4	4	6	6	8	10
k 产品等级	公称			3.5	4	5.3	6.4	7.5	10	12.5	15	18.7	22.5	26	30
	A	最小		3.35	3.85	5.15	6.22	7.32	9.82	12.285	14.785	—	—	—	—
		最大		3.65	4.15	5.45	6.58	7.68	10.18	12.715	15.215	—	—	—	—
	B	最小		2.35	3.76	5.06	6.11	7.21	9.71	12.15	14.65	18.28	22.08	25.58	29.58
		最大		3.26	4.24	5.54	6.69	7.79	10.29	12.85	15.35	19.12	22.92	26.42	30.42

螺纹规格（d）			M5	M6	M8	M10	M12	M16	M20	M24	M30	M36	M42	M48
k_w	最小	产品等级 A	2.35	2.70	3.61	4.35	5.12	6.87	8.6	10.35	—	—	—	—
		产品等级 B	2.28	2.63	3.54	4.28	5.05	6.8	8.51	10.26	12.8	15.46	17.91	20.71
r_{min}			0.2	0.25	0.4	0.4	0.6	0.6	0.8	0.8	1	1	1.2	1.6
s	最大		8.00	10.00	13.00	16.00	18.00	24.00	30.00	36.00	46	55.0	65.0	75.0
	最小	产品等级 A	7.78	9.78	12.73	15.73	17.73	23.67	29.67	35.38	—	—	—	—
		产品等级 B	7.64	9.64	12.57	15.57	17.57	23.16	29.16	35.00	45	53.8	63.1	73.1
l（商品规格范围公称长度）			25～50	30～60	40～80	45～100	50～120	65～160	80～200	90～240	110～300	140～360	160～440	180～480
l（系列）			20，25，30，35，40，45，50，55，60，65，70，80，90，100，110，120，130，140，150，160，180，200，220，240，260，280，300，320，340，360，380，400，420，440，460，480，500											

注：1. A 和 B 为产品等级，A 级用于 $d \leqslant 24$ 和 $l \leqslant 10d$ 或 $\leqslant 150$mm 按（较小值）的螺栓，B 级用于 $d > 24$ 或 $l > 10d$ 或 > 150mm（按较小值）的螺栓。

　　2. 尽可能不采用括号内的规格。

二、双头螺柱

双头螺柱 GB 897—1988（$b_m = 1d$）

双头螺柱 GB 898—1988（$b_m = 1.25d$）

双头螺柱 GB 899—1988（$b_m = 1.5d$）

双头螺柱 GB 900—1988（$b_m = 2d$）

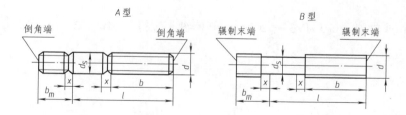

标记示例：

两端均为粗牙普通螺纹，$d = 10$mm，$l = 50$mm，性能等级为 4.8 级，B 型，$b_m = 1d$ 的双头螺柱标记为：螺柱　GB 897　M10×50。

旋入一端为粗牙普通螺纹，旋螺母一端为螺距 $P = 1$mm 的细牙普通螺纹，$d = 10$mm，$l = 50$mm，性能等级为 4.8 级，A 型，$b_m = 1d$ 的双头螺柱标记为：螺柱　GB 897　AM10—M10×1×50。

旋入一端为过渡配合的第一种配合，旋螺母一端为粗牙普通螺纹，$d = 10$mm，$l = 50$mm，性能等级为 8.8 级，B 型，$b_m = 1d$ 的双头螺柱标记为：螺柱　GB 897　GM10—M10×50—8.8。

表 B-2　双头螺柱各部分尺寸　　　　　　　　　　　　　　　　　mm

螺纹规格 d		M5	M6	M8	M10	M12	M16	M20	M24	M30	M36	M42	M48
b_m	GB/T 897	5	6	8	10	12	16	20	24	30	36	42	48
	GB/T 898	6	8	10	12	15	20	25	30	38	45	52	60
	GB/T 899	8	10	12	15	18	24	30	36	45	54	63	72
	GB/T 900	10	12	16	20	24	32	40	48	60	72	84	96
d_s		5	6	8	10	12	16	20	24	30	36	42	48
x		1.5P	1.5P	1.5P	1.5P	1.5P	1.5P	1.5P	1.5P	1.5P	1.5P	1.5P	1.5P
$\dfrac{l}{b}$		$\frac{16\sim22}{10}$	$\frac{20\sim22}{10}$	$\frac{20\sim22}{12}$	$\frac{25\sim28}{14}$	$\frac{25\sim30}{16}$	$\frac{30\sim38}{20}$	$\frac{35\sim40}{25}$	$\frac{45\sim50}{30}$	$\frac{60\sim65}{40}$	$\frac{65\sim75}{45}$	$\frac{70\sim80}{50}$	$\frac{80\sim90}{60}$
		$\frac{25\sim50}{16}$	$\frac{25\sim30}{14}$	$\frac{25\sim30}{16}$	$\frac{30\sim38}{16}$	$\frac{32\sim40}{20}$	$\frac{40\sim55}{30}$	$\frac{45\sim65}{35}$	$\frac{55\sim75}{45}$	$\frac{70\sim90}{50}$	$\frac{80\sim110}{60}$	$\frac{85\sim110}{70}$	$\frac{95\sim110}{80}$
			$\frac{32\sim75}{18}$	$\frac{32\sim90}{22}$	$\frac{40\sim120}{26}$	$\frac{45\sim120}{30}$	$\frac{60\sim120}{38}$	$\frac{70\sim120}{46}$	$\frac{80\sim120}{54}$	$\frac{95\sim120}{60}$	$\frac{120}{78}$	$\frac{120}{90}$	$\frac{120}{102}$
			$\frac{130}{32}$	$\frac{130\sim180}{36}$	$\frac{130\sim200}{44}$	$\frac{130\sim200}{52}$	$\frac{130\sim200}{60}$	$\frac{130\sim200}{72}$	$\frac{130\sim200}{84}$	$\frac{130\sim200}{96}$	$\frac{130\sim200}{108}$		
										$\frac{210\sim250}{85}$	$\frac{210\sim300}{97}$	$\frac{210\sim300}{109}$	$\frac{210\sim300}{121}$
l（系列）		\multicolumn{12}{l}{16、(18)、20、(22)、25、(28)、30、(32)、35、(38)、40、45、50、(55)、60、(65)、70、(75)、80、(85)、90、(95)、100、110、120、130、140、150、160、170、180、190、200、210、220、230、240、250、260、280、300}

注：1. 括号内的规格尽可能不采用。

　　2. P 为螺距。

　　3. $d_s \approx$ 螺纹中径（仅适用于 B 型）。

三、螺钉

开槽圆柱头螺钉（GB/T 65—2016）、开槽盘头螺钉（GB/T 67—2016）、开槽沉头螺钉（GB/T 68—2016）。

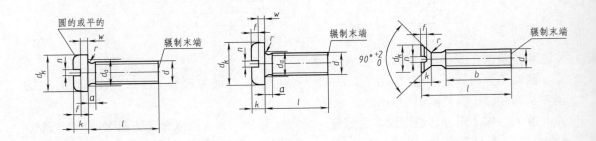

标记示例：

螺纹规格 d＝M5，公称长度 l＝20，性能等级为 4.8 级，不经表面处理的 A 级开槽圆柱头螺钉标记为：螺钉 GB/T 65　M5×20。

表 B-3 螺钉各部分尺寸

mm

规格 d		M3	M4	M5	M6	M8	M10
a_{max}		1	1.4	1.6	2	2.5	3
b_{min}		25	38	38	38	38	38
n 公称		0.8	1.2	1.2	1.6	2	2.5
$d_{a max}$		3.6	4.7	5.7	6.8	9.2	11.2
GB/T 65	d_k	5.5	7	8.5	10	13	16
	k	2	2.6	3.3	3.9	5	6
	t	0.85	1.1	1.3	1.6	2	2.4
	l	4~30	5~40	6~50	8~60	10~80	12~80
GB/T 67	d_k	6.5	8	9.5	12	16	20
	k	1.8	2.4	3.00	3.6	4.8	6
	t	0.7	1	1.2	1.4	1.9	204
	l	4~30	5~40	6~50	8~60	10~80	12~80
GB/T 68	d_k	5.5	8.4	9.3	11.3	15.8	18.3
	k	1.65	2.7	2.7	3.3	4.65	5
	t	0.85	1.3	1.4	1.6	2.3	2.6
	l	5~30	6~40	8~45	8~45	10~80	12~80

注：1. 标准规定螺纹规格 d＝M1.6～M10.
2. 螺钉公称长度系列 l 为：2，3，4，5，6，8，10，12，（14），16，20，25，30，35，40，45，50，（55），60，（65），70，（75），80，括号内的规格尽可能不采用。
3. GB/T 65 的螺钉，公称长度 l≤40mm 的制出全螺纹。
  GB/T 68 的螺钉，公称长度 l≤45mm 的制出全螺纹。

四、紧定螺钉

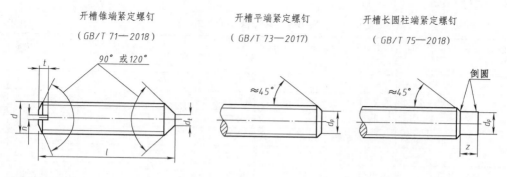

开槽锥端紧定螺钉
（GB/T 71—2018）　　　开槽平端紧定螺钉
（GB/T 73—2017）　　　开槽长圆柱端紧定螺钉
（GB/T 75—2018）

标记示例：

螺纹规格 d＝M5、公称长度 l＝12mm、性能等级为 14H 级、表面氧化的开槽长锥端紧定螺钉标记为：

螺钉 GB/T 71 M5×12

表 B-4　紧定螺钉各部分尺寸　　　　　　　mm

螺纹规格 d		M1.6	M2	M2.5	M3	M4	M5	M6	M8	M10	M12
P（螺距）		0.35	0.4	0.45	0.5	0.7	0.8	1	1.25	1.5	1.75
n		0.25	0.25	0.4	0.4	0.6	0.8	1	1.2	1.6	2
t		0.74	0.84	0.95	1.05	1.42	1.63	2	2.5	3	3.6
d_t		0.16	0.2	0.25	0.3	0.4	0.5	1.5	2	2.5	3
d_p		0.8	1	1.5	2	2.5	3.5	4	5.5	7	8.5
z		1.05	1.25	1.5	1.75	2.25	2.75	3.5	4.3	5.3	6.3
l	GB/T 71	2～8	3～10	3～12	4～16	6～20	8～25	8～30	10～40	12～50	14～60
	GB/T 73	2～8	2～10	2.5～12	3～16	4～20	5～20	6～30	8～40	10～50	12～60
	GB/T 75	2.5～8	3～10	4～12	5～16	6～20	8～25	10～30	10～40	12～50	14～60
l 系列											

l 系列：2, 2.5, 3, 4, 5, 6, 8, 10, 12, (14), 16, 20, 25, 30, 35, 40, 45, 50, (55), 60

注：l 为公称长度，括号内的规格尽可能不采用。

五、螺母

1 型六角螺母（GB/T 6170—2015）　　　六角螺母　C 级（GB/T 41—2016）

标记示例：

螺纹规格 D＝M12、性能等级为 10 级、不经表面处理、产品等级为 A 级的 1 型六角螺母标记为：螺母 GB/T 6170　M12

螺纹规格 D＝M12、性能等级为 5 级、不经表面处理、产品等级为 C 级的六角螺母标记为：螺母 GB/T 41　M12

表 B-5　螺母各部分尺寸　　　　　　　mm

螺纹规格 D		M4	M5	M6	M8	M10	M12	M16	M20	M24	M30	M36	M42	M48
c_{max}		0.4	0.5		0.6			0.8					1	
s_{max}		7	8	10	13	16	18	24	30	36	46	55	65	75
e_{min}	A、B 级	7.66	8.79	11.05	14.38	17.77	20.03	26.75	32.95	39.55	50.85	60.79	71.3	82.6
	C 级	—	8.63	10.89	14.2	17.59	19.85	26.17	32.55	39.55	50.85	60.79	71.3	82.6
m_{max}	A、B 级	3.2	4.7	5.2	6.8	8.4	10.8	14.8	18	21.5	25.6	31	34	38
	C 级	—	5.6	6.4	7.9	9.5	12.2	15.9	19.0	22.3	26.4	31.9	34.9	38.9
d_{wmin}	A、B 级	5.9	6.9	8.9	11.6	14.6	16.6	22.5	27.7	33.3	42.8	51.1	60	69.5
	C 级	—	6.7	8.7	11.5	14.5	16.5	22	27.7	33.3	42.8	51.1	60	69.5

注：1. A 级用于 $D \leqslant 16$mm 的 1 型六角螺母；B 级用于 $D > 16$mm 的 Ⅰ 型六角螺母；C 型用于螺纹规格为 M5～M64 的六角螺母。

2. 螺纹公差：A 级、B 级为 6H，C 级为 7H；性能等级：A 级、B 级为 6.8、10 级（钢），A2—50、A2—70、A4—50、A4—70 级（不锈钢），CU2、CU3、A14 级（有色金属）；C 级为 4、5 级。

六、垫圈

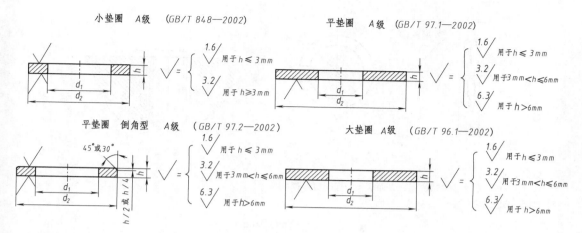

小垫圈　A级　（GB/T 848—2002）

平垫圈　A级　（GB/T 97.1—2002）

平垫圈　倒角型　A级　（GB/T 97.2—2002）

大垫圈　A级　（GB/T 96.1—2002）

标记示例：

标准系列、公称规格 8mm，由钢制造的硬度等级为 200HV 级，不经表面处理、产品等级为 A 级的平垫圈标记为：垫圈　GB/T 97.1

表 B-6　垫圈各部分尺寸
mm

公称尺寸（螺纹规格 d）			4	5	6	8	10	12	16	20	24	30	36
d_1 内径	最大	GB/T 848—2002	4.48	5.48	6.62	8.62	10.77	13.27	17.27	21.33	25.33	31.39	37.62
		GB/T 97.1—2002											
		GB/T 97.2—2002	—								25.33	31.39	37.62
		GB/T 96.1—2002	4.48								25.52	33.62	39.62
	最小	GB/T 848—2002	4.3	5.3	6.4	8.4	10.5	13	17	21	25	31	37
		GB/T 97.1—2002											
		GB/T 97.2—2002	—									31	37
		GB/T 96.1—2002	4.3									33	39
d_2 外径	最大	GB/T 848—2002	8	9	11	15	18	20	28	34	39	50	60
		GB/T 97.1—2002	9	10	12	16	20	24	30	37	44	56	66
		GB/T 97.2—2002	—										
		GB/T 96.1—2002	12	15	18	24	30	37	50	60	72	92	110
	最小	GB/T 848—2002	7.64	8.64	10.57	14.57	17.57	19.84	27.48	33.38	38.38	49.38	58.8
		GB/T 97.1—2002	8.64	9.64	11.57	15.57	19.48	23.48	29.48	36.48	43.38	55.26	64.8
		GB/T 97.2—2002	—										
		GB/T 96.1—2002	11.57	14.57	17.57	23.48	29.48	36.38	49.38	59.26	70.8	90.6	108.6

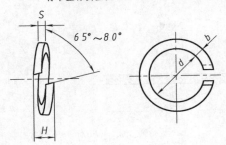

标准型弹簧垫圈（*GB/T 93—1987*）

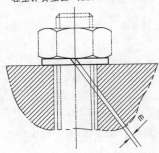

轻型弹簧垫圈（*GB/T 859—1987*）

标记示例：

规格 16mm、材料为 65Mn 钢、表面氧化的标准型弹簧垫圈：

垫圈 GB/T 93 16

表 B-7　弹簧垫圈各部分尺寸　　　　　　　　　　　　　mm

螺纹规格 *d*		M4	M5	M6	M8	M10	M12	(M14)	M16	(M18)	M20	M24	M30
d_{min}		4.1	5.1	6.1	8.1	10.2	12.2	14.2	16.2	18.2	20.2	24.5	30.5
H	GB/T 93	2.2	2.6	3.2	4.2	5.2	6.2	7.2	8.2	9	10	12	15
	GB/T 859	1.6	2.2	2.6	3.2	4	5	6	6.4	7.2	8	10	12
S (b)	GB/T 93	1.1	1.3	1.6	2.1	2.6	3.1	3.6	4.1	4.5	5	6	7.5
S	GB/T 859	0.8	1.1	1.3	1.6	2	2.5	3	3.2	3.6	4	5	6
$m \leqslant$	GB/T 93	0.55	0.65	0.8	1.05	1.3	1.55	1.8	2.05	2.25	2.5	3	3.75
	GB/T 859	0.4	0.55	0.65	0.8	1	1.25	1.5	1.6	1.8	2	2.5	3
b	GB/T 859	1.2	1.5	2	2.5	3	3.5	4	4.5	5	5.5	7	9

七、键

平键和键槽的剖面尺寸（*GB/T 1096—2003*）

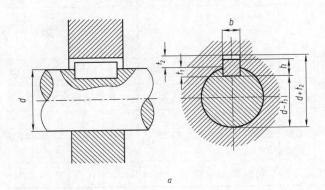

a

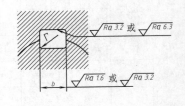

普通型平键（GB/T 1096—2003）

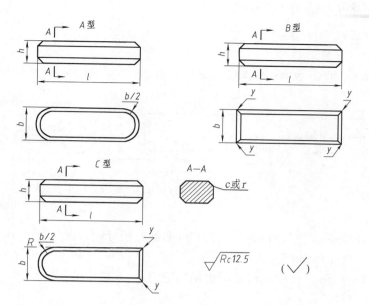

标记示例：

键　16×10×100　GB/T 1096　（圆头普通平键、$b=16$、$h=10$、$L=100$）

键　B16×10×100　GB/T 1096　（平头普通平键、$b=16$、$h=10$、$L=100$）

键　C16×10×100　GB/T 1096　（单圆头普通平键、$b=16$、$h=10$、$L=100$）

表 B-8　键及键槽的尺寸

mm

键尺寸 $b \times h$	键						槽					
	宽　度 b						深　度				半径 r	
	基本尺寸	偏　差					轴 t_1		毂 t_2			
		松连接		正常连接		紧密连接						
		轴 H9	毂 D10	轴 N9	毂 JS9	轴和毂 P9	基本尺寸	极限偏差	基本尺寸	极限偏差	最小	最大
2×2	2	+0.025 0	+0.060 +0.020	−0.004 −0.029	±0.0125	−0.006 −0.031	1.2	+0.1	1	+0.1	0.08	0.16
3×3	3						1.8		1.4			
4×4	4	+0.030 0	+0.078 +0.030	0 −0.030	±0.015	−0.012 −0.042	2.5		1.8			
5×5	5						3.0		2.3		0.16	0.25
6×6	6						3.5	0	2.8	0		
8×7	8	+0.036 0	+0.098 +0.040	0 −0.036	±0.018	−0.015 −0.051	4.0		3.3			
10×8	10						5.0		3.3			
12×8	12	+0.043 0	+0.120 +0.050	0 −0.043	±0.0215	−0.018 −0.061	5.0		3.3		0.25	0.40
14×9	14						5.5		3.8			
16×10	16						6.0		4.3			
18×11	18						7.0		4.4			
20×12	20	+0.052 0	+0.149 +0.065	0 −0.052	±0.026	−0.022 −0.074	7.5	+0.2	4.9	+0.2		
22×14	22						9.0		5.4		0.40	0.60
25×14	25						9.0	0	5.4	0		
28×16	28						10.0		6.4			

公称长度系列：6、8、10、12、14、16、18、20、22、25、28、32、36、40、45、50、56、63、70、80、90、100、110、125、140、160、180、200、220、250、280

注：GB/T 1095—2003、GB/T 1096—2003 中无轴的公称直径一列、现列出仅供参考。

八、销

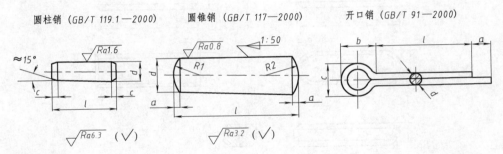

圆柱销（GB/T 119.1—2000）　　圆锥销（GB/T 117—2000）　　开口销（GB/T 91—2000）

标记示例：

公称直径为 6mm、公差为 m6、长 30mm 的圆柱销标记为：

销　GB/T 119.1　6m6×30

公称直径为 10mm、长 60mm 的圆锥销标记为：

销　GB/T 117　10×60

公称直径为 5mm、长 50mm 的开口销标记为：

销　GB/T 91　5×50

表 B-9　圆柱销各部分尺寸　　　　　　　　　　　　　　　　　mm

d	4	5	6	8	10	12	16	20	25	30	40	50
$c\approx$	0.63	0.80	1.2	1.6	2.0	2.5	3.0	3.5	4.0	5.0	6.3	8.0
长度范围 l	8～40	10～50	12～60	14～80	18～95	22～140	26～180	35～200	50～200	60～200	80～200	95～200
l（系列）	6, 8, 10, 12, 14, 16, 18, 20, 22, 24, 26, 28, 30, 32, 35, 40, 45, 50, 55, 60, 65, 70, 75, 80, 85, 90, 95, 100, 120, 140, 160, 180, 200											

表 B-10　圆锥销各部分尺寸　　　　　　　　　　　　　　　　mm

d	4	5	6	8	10	12	16	20	25	30	40
$a\approx$	0.5	0.63	0.8	1	1.2	1.6	2	2.5	3	4	5
长度范围 l	14～55	18～60	22～90	22～120	26～160	32～180	40～200	45～200	50～200	55～200	60～200
l（系列）	6, 8, 10, 12, 14, 16, 18, 20, 22, 24, 26, 28, 30, 32, 35, 40, 45, 50, 55, 60, 65, 70, 75, 80, 85, 90, 95, 100, 120, 140, 160, 180, 200										

表 B-11　开口销各部分尺寸　　　　　　　　　　　　　　　　mm

d（公称）		1.2	1.6	2	2.5	3.2	4	5	6.3	8	10	12
c	max	2	2.8	3.6	4.6	5.8	7.4	9.2	11.8	15	19	24.8
	min	1.7	2.4	3.2	4	5.1	6.5	8	10.3	13.1	16.6	21.7
$b\approx$		3	3.2	4	5	6.4	8	10	12.6	16	20	26
a_{max}		2.5					3.2		4			6.3
长度范围 l		8～26	8～32	10～40	12～50	14～65	18～80	22～100	30～120	40～160	45～200	70～200
l（系列）		4, 5, 6, 8, 10, 12, 14, 16, 18, 20, 22, 24, 26, 28, 30, 32, 36, 40, 45, 50, 55, 60, 65, 70, 75, 80, 85, 90, 95, 100, 120, 140, 160, 180, 200										

附录C　滚　动　轴　承

一、深沟球轴承（GB/T 276—2013）

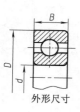

外形尺寸

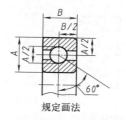

规定画法

标记示例：
滚动轴承 *6012 GB/T 276—2013*

表C-1　深沟球轴承各部分尺寸

mm

轴承型号	外形尺寸			轴承型号	外形尺寸		
	d	D	B		d	D	B
6004	20	42	12	6304	20	52	15
6005	25	47	12	6305	25	62	17
6006	30	55	13	6306	30	72	19
6007	35	62	14	6307	35	80	21
6008	40	68	15	6308	40	90	23
6009	45	75	16	6309	45	100	25
6010	50	80	16	6310	50	110	27
6011	55	90	18	6311	55	120	29
6012	60	95	18	6312	60	130	31
6013	65	100	18	6313	65	140	33
6014	70	110	20	6314	70	150	35
6015	75	115	20	6315	75	160	37
6016	80	125	22	6316	80	170	39
6017	85	130	22	6317	85	180	41
6018	90	140	24	6318	90	190	43
6019	95	145	24	6319	95	200	45
6020	100	150	24	6320	100	215	47
6204	20	47	14	6404	20	72	19
6205	25	52	15	6405	25	80	21
6206	30	62	16	6406	30	90	23
6207	35	72	17	6407	35	100	25
6208	40	80	18	6408	40	110	27
6209	45	85	19	6409	45	120	29
6210	50	90	20	6410	50	130	31
6211	55	10	21	6411	55	140	33
6212	60	110	22	6412	60	150	35
6213	65	120	23	6413	65	160	37
6214	70	125	24	6414	70	180	42
6215	75	130	25	6415	75	190	45
6216	80	140	26	6416	80	200	48
6217	85	150	28	6417	85	210	52
6218	90	160	30	6418	90	225	54
6219	95	170	32	6419	95	240	55
6220	100	180	34	6420	100	250	58

（0）1尺寸系列：6004～6020
（0）2尺寸系列：6204～6220
（0）3尺寸系列：6304～6320
（0）4尺寸系列：6404～6420

二、圆锥滚子轴承（GB/T 297—2015）

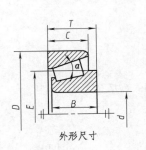

外形尺寸

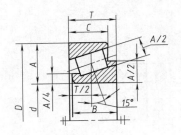

规定画法

标记示例：
滚动轴承 *30205 GB/T 297—2015*

表 C-2　圆锥滚子轴承各部分尺寸　　　　　　　　　　mm

轴承类型		外　形　尺　寸					轴承类型		外　形　尺　寸				
		d	D	T	B	C			d	D	T	B	C
02 尺寸 系列	30204	20	47	15.25	14	12	22 尺寸 系列	32204	20	47	19.25	18	15
	30205	25	52	16.25	15	13		32205	25	52	19.25	18	16
	30206	30	62	17.25	16	14		32206	30	62	21.25	20	17
	30207	35	72	18.25	17	15		32207	35	72	24.25	23	19
	30208	40	80	19.75	18	16		32208	40	80	24.75	23	19
	30209	45	85	20.75	19	16		32209	45	85	24.75	23	19
	30210	50	90	21.75	20	17		32210	50	90	24.75	23	19
	30211	55	100	22.75	21	18		32211	55	100	26.75	25	21
	30212	60	110	23.75	22	19		32212	60	110	29.75	28	24
	30213	65	120	24.75	23	20		32213	65	120	32.75	31	27
	30214	70	125	26.25	24	21		32214	70	125	33.25	31	27
	30215	75	130	27.25	25	22		32215	75	130	33.25	31	27
	30216	80	140	28.25	26	22		32216	80	140	35.25	33	28
	30217	85	150	30.50	28	24		32217	85	150	38.50	36	30
	30218	90	160	32.50	30	26		32218	90	160	42.50	40	34
	30219	95	170	34.50	32	27		32219	95	170	45.50	43	37
	30220	100	180	37	34	29		32220	100	180	49	46	39
03 尺寸 系列	30304	20	52	16.25	15	13	23 尺寸 系列	32304	20	52	22.25	21	18
	30305	25	62	18.25	17	15		32305	25	62	25.25	24	20
	30306	30	72	20.75	19	16		32306	30	72	28.75	27	23
	30307	35	80	22.75	21	18		32307	35	80	32.75	31	25
	30308	40	90	22.25	23	20		32308	40	90	35.25	33	27
	30309	45	100	27.25	25	22		32309	45	100	38.25	36	30
	30310	50	110	29.25	27	23		32310	50	110	42.25	40	33
	30311	55	120	31.50	29	25		32311	55	120	45.50	43	35
	30312	60	130	33.50	31	26		32312	60	130	48.50	46	37
	30313	65	140	36	33	28		32313	65	140	51	48	39
	30314	70	150	38	35	30		32314	70	150	54	51	42
	30315	75	160	40	37	31		32315	75	160	58	55	45
	30316	80	170	42.50	39	33		32316	80	170	61.50	58	48
	30317	85	180	44.50	41	34		32317	85	180	63.50	60	49
	30318	90	190	46.50	43	36		32318	90	190	67.50	64	53
	30319	95	200	49.50	45	38		32319	95	200	71.50	67	55
	30320	100	215	51.50	47	39		32320	100	215	77.50	73	60

三、推力球轴承（GB/T 301—2015）

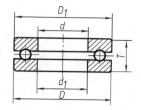

外形尺寸

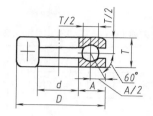

规定画法

标记示例:

滚动轴承 51210 GB/T 301—2015

表 C-3 推力球轴承各部分尺寸

mm

轴承类型		外 形 尺 寸					轴承类型		外 形 尺 寸				
		d	D	T	d_1	D_1			d	D	T	d_1	D_1
	51104	20	35	10	21	35		51304	20	47	18	22	47
	51105	25	42	11	26	42		51305	25	52	18	27	52
	51106	30	47	11	32	47		51306	30	60	21	32	60
	51107	35	52	12	37	52		51307	35	68	24	37	68
	51108	40	60	13	42	60		51308	40	78	26	42	78
	51109	45	65	14	47	65		51309	45	85	28	47	85
11 尺寸 系列 （51000 型）	51110	50	70	14	52	70	13 尺寸 系列 （51000 型）	51310	50	95	31	52	95
	51111	55	78	16	57	78		51311	55	105	35	57	105
	51112	60	85	17	62	85		51312	60	110	35	62	110
	51113	65	90	18	67	90		51313	65	115	36	67	115
	51114	70	95	18	72	95		51314	70	125	40	72	125
	51115	75	100	19	77	100		51315	75	135	44	77	135
	51116	80	105	19	82	105		51316	80	140	44	82	140
	51117	85	110	19	87	110		51317	85	150	49	88	150
	51118	90	120	22	92	120		51318	90	155	50	93	155
	51120	100	135	25	102	135		51320	100	170	55	103	170
	51204	20	40	14	22	40		51405	25	60	24	27	60
	51205	25	47	15	27	47		51406	30	70	28	32	70
	51206	30	52	16	32	52		51407	35	80	32	37	80
	51207	35	62	18	37	62		51408	40	90	36	42	90
	51208	40	68	19	42	68		51409	45	100	39	47	100
	51209	45	73	20	47	73		51410	50	110	43	52	110
12 尺寸 系列 （51000 型）	51210	50	78	22	52	78	14 尺寸 系列 （51000 型）	51411	55	120	48	57	120
	51211	55	90	25	57	90		51412	60	130	51	62	130
	51212	60	95	26	62	95		51413	65	140	56	68	140
	51213	65	100	27	67	100		51414	70	150	60	73	150
	51214	70	105	27	72	105		51415	75	160	65	78	160
	51215	75	110	27	77	110		51416	80	170	68	83	170
	51216	80	115	28	82	115		51417	85	180	72	88	177
	51217	85	125	31	88	125		51418	90	190	77	93	187
	51218	90	135	35	93	135		51420	100	210	85	103	205
	51220	100	150	38	103	150		51422	110	230	95	113	225

附录 D　优先和常用配合

一、标准公差数值

表 D-1　标准公差数值（摘自 GB/T 1800.2—2020）　　　　　μm

基本尺寸 mm		标准公差等级																
		IT1	IT2	IT3	IT4	IT5	IT6	IT7	IT8	IT9	IT10	IT11	IT12	IT13	IT14	IT15	IT16	IT17	IT18
大于	至	μm											mm						
—	3	0.8	1.2	2	3	4	6	10	14	25	40	60	0.1	0.14	0.25	0.4	0.6	1	1.4
3	6	1	1.5	2.5	4	5	8	12	18	30	48	75	0.12	0.18	0.3	0.48	0.75	1.2	1.8
6	10	1	1.5	2.5	4	6	9	15	22	36	58	90	0.15	0.22	0.36	0.58	0.9	1.5	2.2
10	18	1.2	2	3	5	8	11	18	27	43	70	110	0.18	0.27	0.43	0.7	1.1	1.8	2.7
18	30	1.5	2.5	4	6	9	13	21	33	52	84	130	0.21	0.33	0.52	0.84	1.3	2.1	3.3
30	50	1.5	2.5	4	7	11	16	25	39	62	100	160	0.25	0.39	0.62	1	1.6	2.5	3.9
50	80	2	3	5	8	13	19	30	46	74	120	190	0.3	0.46	0.74	1.2	1.9	3	4.6
80	120	2.5	4	6	10	15	22	35	54	87	140	220	0.35	0.54	0.87	1.4	2.2	3.5	5.4
120	180	3.5	5	8	12	18	25	40	63	100	160	250	0.4	0.63	1	1.6	2.5	4	6.3
180	250	4.5	7	10	14	20	29	46	72	115	185	290	0.46	0.72	1.15	1.85	2.9	4.6	7.2
250	315	6	8	12	16	23	32	52	81	130	210	320	0.52	0.81	1.3	2.1	3.2	5.2	8.1
315	400	7	9	13	18	25	36	57	89	140	230	360	0.57	0.89	1.4	2.3	3.6	5.7	8.9
400	500	8	10	15	20	27	40	63	97	155	250	400	0.63	0.97	1.55	2.5	4	6.3	9.7
500	630	9	11	16	22	32	44	70	110	175	280	440	0.7	1.1	1.75	2.8	4.4	7	11
630	800	10	13	18	25	36	50	80	125	200	320	500	0.8	1.25	2	3.2	5	8	12.5
800	1 000	11	15	21	28	50	56	90	140	230	360	560	0.9	1.4	2.3	3.6	5.6	9	14
1 000	1 250	13	18	24	33	47	66	105	165	260	420	660	1.05	1.65	2.6	4.2	6.6	10.5	16.5
1 250	1 600	15	21	29	39	55	78	125	195	310	500	780	1.25	1.95	3.1	5	7.8	12.5	19.5
1 600	2 000	18	25	35	46	65	92	150	230	370	600	920	1.5	2.3	3.7	6	9.2	15	23
2 000	2 500	22	30	41	55	78	110	175	280	440	700	1 100	1.75	2.8	4.4	7	11	17.5	28
2 500	3 150	26	36	50	68	96	135	210	330	540	860	1 350	2.1	3.3	5.4	8.6	13.5	21	33

注：表中数值来源于 GB/T 1800.1—2020，已成为本部分的内容，有利于对极限偏差数值表及图 1、图 2 的应用和理解。

二、优先和常用配合（摘自 GB/T 1800.1—2020）

1. 基轴制配合的优先配合

基准轴	孔空差带代号																
	间隙配合							过渡配合				过盈配合					
h5						G6	H6	JS6	K6	M6	N6	P6					
h6					F7	G7	H7	JS7	K7	M7	N7	P7	R7	S7	T7	U7	X7
h7				E8	F8		H8										
h8			D9	E9	F9		H9										
h9				E8	F8		H8										
			D9	E9	F9		H9										
	B11	C10	D10				H10										

图 D-1　基轴制配合的优先配合

2. 基轴制和常用配合的优先配合

基准轴	轴公差带代号																
	间隙配合							过渡配合				过盈配合					
H6						g5	h5	js5	k5	m5	n5	p5					
H7					f6	g6	h6	js6	k6	m6	n6	p6	r6	s6	t6	u6	x6
H8				e7	f7		h7	js7	k7	m7				s7		u7	
			d8	e8	f8		h8										
H9			d8	e8	f8		h8										
H10	b9	c9	d9	e9			h9										
H11	b11	c11	d10				h10										

图 D-2　基孔制配合的优先配合

三、配合的应用

表 D-4　优选配合特性及应用举例

基孔制	基轴制	优先配合特性及应用举例
$\dfrac{H11}{c11}$	$\dfrac{C11}{h11}$	间隙非常大，用于很松的、转动很慢的动配合，或要求大公差与大间隙的外露组件，或要求装配方便的、很松的配合
$\dfrac{H9}{d9}$	$\dfrac{D9}{h9}$	间隙很大的自由转动配合，用于精度非主要要求时，或有大的温度变动、高转速或大的轴颈压力时
$\dfrac{H8}{f7}$	$\dfrac{F8}{h7}$	间隙不大的转动配合，用于中等转速与中等轴颈力的精确转动，也用于装配较易的中等定位配合
$\dfrac{H7}{g6}$	$\dfrac{G7}{h6}$	间隙很小的滑动配合，用于不希望自由转动，但可自由移动和滑动并精密定位时，也可用于要求明确定位配合

基孔制	基轴制	优先配合特性及应用举例
$\dfrac{H7}{h6}$ $\dfrac{H8}{h7}$ $\dfrac{H9}{h9}$ $\dfrac{H11}{h11}$	$\dfrac{H7}{h6}$ $\dfrac{H8}{h7}$ $\dfrac{H9}{h9}$ $\dfrac{H11}{h11}$	均为间隙定位配合，零件可自由装拆，而工作时一般相对静止不动。在最大实体条件下的间隙为零，在最小实体条件下的间隙由公差等级决定
$\dfrac{H7}{k6}$	$\dfrac{K7}{h6}$	过渡配合，用于精密定位
$\dfrac{H7}{n6}$	$\dfrac{N7}{h6}$	过渡配合，允许有较大过盈的更精密定位
$\dfrac{H7}{p6}$	$\dfrac{p7}{h6}$	过盈定位配合，即小过盈配合，用于定位精度特别重要时，能以最好的定位精度达到部件的刚性及对中性要求，而对内孔承受压力无特殊要求，不依靠配合的紧固性传递摩擦负荷
$\dfrac{H7}{s6}$	$\dfrac{S7}{h6}$	中等压入配合，适用于一般钢件，或用于薄壁件的冷缩配合，用于铸铁件可得到最紧的配合
$\dfrac{H7}{u6}$	$\dfrac{U7}{h6}$	压入配合，适用于可以承受大压入力的零件或不宜承受大压入力的冷缩配合

注：基本尺寸小于或等于 3mm 为过渡配合。

四、公差等级与加工方法的关系

表 D-5　公差等级与加工方法的关系

加工方法	公差等级（IT）																	
	01	0	1	2	3	4	5	6	7	8	9	10	11	12	13	14	15	16
研磨	■	■	■	■	■	■												
珩						■	■	■										
圆磨、平磨							■	■	■	■								
金刚石车、金刚石镗							■	■	■									
拉削								■	■	■								
铰孔								■	■	■	■							
车、镗									■	■	■	■	■					
铣										■	■	■	■					
刨、插												■	■					
钻孔												■	■	■				

加工方法	公差等级（IT）																	
	01	0	1	2	3	4	5	6	7	8	9	10	11	12	13	14	15	16
滚压、挤压												▨	▨					
冲压												▨	▨	▨	▨	▨		
压铸													▨	▨	▨	▨		
粉末冶金成形								▨	▨									
粉末冶金烧结									▨	▨								
砂型铸造、气割																		▨
锻造																	▨	▨

附录 E　极限与配合

一、优先配合轴的极限偏差

表 E-1　优先及常用配合轴的极限偏差

代号 基本代号/mm 大于	至	a 11	b 11	c *11	d *9	e 8	f *7	g *6	h 5	h *6	h *7	h 8	h *9	h 10
—	3	−270 / −330	−140 / −200	−60 / −120	−20 / −45	−14 / −28	−6 / −16	−2 / −8	0 / −4	0 / −6	0 / −10	0 / −14	0 / −25	0 / −40
3	6	−270 / −345	−140 / −215	−70 / −145	−30 / −60	−20 / −38	−10 / −22	−4 / −12	0 / −5	0 / −8	0 / −12	0 / −18	0 / −30	0 / −48
6	10	−280 / −338	−150 / −240	−85 / −170	−40 / −76	−25 / −47	−13 / −28	−5 / −14	0 / −6	0 / −9	0 / −15	0 / −22	0 / −36	0 / −58
10	14	−290 / −400	−150 / −260	−95 / −205	−50 / −93	−32 / −59	−16 / −34	−6 / −17	0 / −8	0 / −11	0 / −18	0 / −27	0 / −43	0 / −70
14	18													
18	24	−300 / −430	−160 / −290	−110 / −240	−65 / −117	−40 / −73	−20 / −41	−7 / −20	0 / −9	0 / −13	0 / −21	0 / −33	0 / −52	0 / −84
24	30													
30	40	−310 / −470	−170 / −330	−120 / −280	−80 / −142	−50 / −89	−25 / −50	−9 / −25	0 / −11	0 / −16	0 / −25	0 / −39	0 / −62	0 / −100
40	50	−320 / −480	−180 / −340	−130 / −290										
50	65	−340 / −530	−190 / −380	−140 / −330	−100 / −174	−60 / −106	−30 / −60	−10 / −29	0 / −13	0 / −19	0 / −30	0 / −46	0 / −74	0 / −120
65	80	−360 / −550	−200 / −390	−150 / −340										
80	100	−380 / −600	−220 / −440	−170 / −390	−120 / −207	−72 / −126	−36 / −71	−12 / −34	0 / −15	0 / −22	0 / −35	0 / −54	0 / −87	0 / −140
100	120	−410 / −630	−240 / −460	−180 / −400										
120	140	−460 / −710	−260 / −510	−200 / −450	−145 / −245	−85 / −148	−43 / −83	−14 / −39	0 / −18	0 / −25	0 / −40	0 / −63	0 / −100	0 / −160
140	160	−520 / −770	−280 / −530	−210 / −460										
160	180	−580 / −830	−310 / −560	−230 / −480										
180	200	−660 / −950	−340 / −630	−240 / −530	−170 / −285	−100 / −172	−50 / −96	−15 / −44	0 / −20	0 / −29	0 / −46	0 / −72	0 / −115	0 / −185
200	225	−740 / −1030	−380 / −670	−260 / −550										
225	250	−820 / −1110	−420 / −710	−280 / −570										
250	280	−920 / −1240	−480 / −800	−300 / −620	−190 / −320	−110 / −191	−56 / −108	−17 / −49	0 / −23	0 / −32	0 / −52	0 / −81	0 / −130	0 / −210
280	315	−1050 / −1370	−540 / −860	−330 / −650										
315	355	−1200 / −1560	−600 / −960	−360 / −720	−210 / −350	−125 / −214	−62 / −119	−18 / −54	0 / −25	0 / −36	0 / −57	0 / −89	0 / −140	0 / −230
355	400	−1350 / −1710	−680 / −1040	−400 / −760										
400	450	−1500 / −1900	−760 / −1160	−440 / −840	−230 / −385	−135 / −232	−68 / −131	−20 / −60	0 / −27	0 / −40	0 / −63	0 / −97	0 / −155	0 / −250
450	−500	−1650 / −2050	−840 / −1240	−480 / −880										

注：带 ＊ 者为优先选用的，其他为常用的。

		js	k	m	n	p	r	s	t	u	v	x	y	z
								等　级						
*11	12	6	*6	6	*6	*6	6	*6	6	*6	6	6	6	6
0 / −60	0 / −100	±3	+6 / 0	+8 / +2	+10 / +4	+12 / +6	+16 / +10	+20 / +14	—	+24 / +18	—	+26 / +20	—	+32 / +26
0 / −75	0 / −120	±4	+9 / +1	+12 / +4	+16 / +8	+20 / +12	+23 / +15	+27 / +19	—	+31 / +23	—	+36 / +28	—	+43 / +35
0 / −90	0 / −150	±4.5	+10 / +1	+15 / +6	+19 / +10	+24 / +15	+28 / +19	+32 / +23	—	+37 / +28	—	+43 / +34	—	+51 / +42
0 / −110	0 / −180	±5.5	+12 / +1	+18 / +7	+23 / +12	+29 / +18	+34 / +23	+39 / +28	—	+44 / +33	—	+51 / +40	—	+61 / +50
									—		+50 / +39	+56 / +45		+71 / +60
0 / −130	0 / −210	±6.5	+15 / +2	+21 / +8	+28 / +15	+35 / +22	+41 / 28	+48 / +35	—	+54 / +41	+60 / +47	+67 / +54	+76 / +63	+86 / +73
									+54 / +41	+61 / +48	+68 / +55	+77 / +64	+88 / +75	+101 / +88
0 / −160	0 / −250	±8	+18 / +2	+25 / +9	+33 / +17	+42 / +26	+50 / +34	+59 / +43	+64 / +48	+76 / +60	+84 / +68	+96 / +80	+110 / +94	+128 / +112
									+70 / +54	+86 / +70	+97 / +81	+113 / +97	+130 / +114	+152 / +136
0 / −190	0 / −300	±9.5	+21 / +2	+30 / +11	+39 / +20	+51 / +32	+60 / +41	+72 / +53	+85 / +66	+106 / +87	+121 / +102	+141 / +122	+163 / +144	+191 / +172
							+62 / +43	+78 / +59	+94 / +75	+121 / +102	+139 / +120	+165 / +146	+193 / +174	+229 / +210
0 / −220	0 / −350	±11	+25 / +3	+35 / +13	+45 / +23	+59 / +37	+73 / +51	+93 / +71	+113 / +91	+146 / +124	+168 / +146	+200 / +178	+236 / +214	+280 / +258
							+76 / +54	+101 / +79	+126 / +104	+166 / +144	+194 / +172	+232 / +210	+276 / +254	+332 / +310
0 / −250	0 / −400	±12.5	+28 / +3	+40 / +15	+52 / +27	+68 / +43	+88 / +63	+117 / +92	+147 / +122	+195 / +170	+227 / +202	+273 / +248	+325 / +300	+390 / +365
							+90 / +65	+125 / +100	+159 / +134	+215 / +190	+253 / +228	+305 / +280	+365 / +340	+440 / +415
							+93 / +68	+133 / +108	+171 / +146	+235 / +210	+277 / +252	+335 / +310	+405 / +380	+490 / +465
0 / −290	0 / −460	±14.5	+33 / +4	+46 / +17	+60 / +31	+79 / +50	+106 / +77	+151 / +122	+195 / +166	+265 / +236	+313 / +284	+379 / +350	+454 / +425	+549 / +520
							+109 / +80	+159 / +130	+209 / +180	+287 / +258	+339 / +310	+414 / +385	+499 / +470	+604 / +575
							+113 / +84	+169 / +140	+225 / +196	+313 / +284	+369 / +340	+454 / +425	+549 / +520	+669 / +640
0 / −320	0 / −520	±16	+36 / +4	+52 / +20	+66 / +34	+88 / +56	+126 / +94	+190 / +158	+250 / +218	+347 / +315	+417 / +385	+507 / +475	+612 / +580	+742 / +710
							+130 / +98	+202 / +170	+272 / +240	+382 / +350	+457 / +425	+557 / +525	+682 / +650	+822 / +790
0 / −360	0 / −570	±18	+40 / +4	+57 / +21	+73 / +37	+98 / +62	+144 / +108	+226 / +190	+304 / +268	+426 / +390	+511 / +475	+626 / +590	+766 / +730	+936 / +900
							+150 / +114	+244 / +208	+330 / +294	+471 / +435	+566 / +530	+696 / +660	+856 / +820	+1036 / +1000
0 / −400	0 / −630	±20	+45 / +5	+63 / +23	+80 / +40	+108 / +68	+166 / +126	+272 / +232	+370 / +330	+530 / +490	+635 / +595	+780 / +740	+960 / +920	+1140 / +1100
							+172 / +132	+292 / +252	+400 / +360	+580 / +540	+700 / +660	+860 / +820	+1040 / +1000	+1290 / +1250

二、优先配合孔的极限偏差

表 E-2　优先及常用配合孔的极限偏差

代号 大于	至	A 11	B 11	C *11	D *9	E 8	F *8	G *7	H 6	H *7	H *8	H *9	H 10	H *11
—	3	+330 +270	+200 +140	+120 +60	+45 +20	+28 +14	+20 +6	+12 +2	+6 0	+10 0	+14 0	+25 0	+40 0	+60 0
3	6	+345 +270	+215 +140	+145 +70	+60 +30	+38 +20	+28 +10	+16 +4	+8 0	+12 0	+18 0	+30 0	+48 0	+75 0
6	10	+370 +280	+240 +150	+170 +80	+76 +40	+47 +25	+35 +13	+20 +5	+9 0	+15 0	+22 0	+36 0	+58 0	+90 0
10	14	+400 +290	+260 +150	+205 +95	+93 +50	+59 +32	+43 +16	+24 +6	+11 0	+18 0	+27 0	+43 0	+70 0	+110 0
14	18	+400 +290	+260 +150	+205 +95	+93 +50	+59 +32	+43 +16	+24 +6	+11 0	+18 0	+27 0	+43 0	+70 0	+110 0
18	24	+430 +300	+290 +160	+240 +110	+117 +65	+73 +40	+53 +20	+28 +7	+13 0	+21 0	+33 0	+52 0	+84 0	+130 0
24	30	+430 +300	+290 +160	+240 +110	+117 +65	+73 +40	+53 +20	+28 +7	+13 0	+21 0	+33 0	+52 0	+84 0	+130 0
30	40	+470 +310	+330 +170	+280 +120	+142 +80	+89 +50	+64 +25	+34 +9	+16 0	+25 0	+39 0	+62 0	+100 0	+160 0
40	50	+480 +320	+340 +180	+290 +130	+142 +80	+89 +50	+64 +25	+34 +9	+16 0	+25 0	+39 0	+62 0	+100 0	+160 0
50	65	+530 +340	+380 +190	+330 +140	+174 +100	+106 +60	+76 +30	+40 +10	+19 0	+30 0	+46 0	+74 0	+120 0	+190 0
65	80	+550 +360	+390 +200	+340 +150	+174 +100	+106 +60	+76 +30	+40 +10	+19 0	+30 0	+46 0	+74 0	+120 0	+190 0
80	100	+600 +380	+440 +220	+390 +170	+207 +120	+126 +72	+90 +36	+47 +12	+22 0	+35 0	+54 0	+87 0	+140 0	+220 0
100	120	+630 +410	+460 +240	+400 +180	+207 +120	+126 +72	+90 +36	+47 +12	+22 0	+35 0	+54 0	+87 0	+140 0	+220 0
120	140	+710 +460	+510 +260	+450 +200	+245 +145	+148 +85	+106 +43	+54 +14	+25 0	+40 0	+63 0	+100 0	+160 0	+250 0
140	160	+770 +520	+530 +280	+460 +210	+245 +145	+148 +85	+106 +43	+54 +14	+25 0	+40 0	+63 0	+100 0	+160 0	+250 0
160	180	+830 +580	+560 +310	+480 +230	+245 +145	+148 +85	+106 +43	+54 +14	+25 0	+40 0	+63 0	+100 0	+160 0	+250 0
180	200	+950 +660	+630 +340	+530 +240	+285 +170	+172 +100	+122 +50	+61 +15	+29 0	+46 0	+72 0	+115 0	+185 0	+290 0
200	225	+1030 +740	+670 +380	+550 +260	+285 +170	+172 +100	+122 +50	+61 +15	+29 0	+46 0	+72 0	+115 0	+185 0	+290 0
225	250	+1110 +820	+710 +420	+570 +280	+285 +170	+172 +100	+122 +50	+61 +15	+29 0	+46 0	+72 0	+115 0	+185 0	+290 0
250	280	+1240 +920	+800 +480	+620 +300	+320 +190	+191 +110	+137 +56	+69 +17	+32 0	+52 0	+81 0	+130 0	+210 0	+320 0
280	315	+1370 +1050	+860 +540	+650 +330	+320 +190	+191 +110	+137 +56	+69 +17	+32 0	+52 0	+81 0	+130 0	+210 0	+320 0
315	355	+1560 +1200	+960 +600	+720 +360	+350 +210	+214 +125	+151 +62	+75 +18	+36 0	+57 0	+89 0	+140 0	+230 0	+360 0
355	400	+1710 +1350	+1040 +680	+760 +400	+350 +210	+214 +125	+151 +62	+75 +18	+36 0	+57 0	+89 0	+140 0	+230 0	+360 0
400	450	+1900 +1500	+1160 +760	+840 +440	+385 +230	+232 +135	+165 +68	+83 +20	+40 0	+63 0	+97 0	+155 0	+250 0	+400 0
450	500	+2050 +1650	+1240 +840	+880 +480	+385 +230	+232 +135	+165 +68	+83 +20	+40 0	+63 0	+97 0	+155 0	+250 0	+400 0

注：带 " * " 者为优先选用的，其他为常用的。

| | JS | | K | | M | | N | | P | | R | S | T | U |
| 等级 | | | | | | | | | | | | | | |
12	6	7	6	*7	8	7	6	7	6	*7	7	*7	7	*7
+100/0	±3	±5	0/−6	0/−10	0/−14	−2/−12	−4/−10	−4/−14	−6/−12	−6/−16	−10/−20	−14/−24	—	−18/−28
+120/0	±4	±6	+2/−6	+3/−9	+5/−13	0/−12	−5/−13	−4/−16	−9/−17	−8/−20	−11/−23	−15/−27	—	−19/−31
+150/0	±4.5	±7	+2/−7	+5/−10	+6/−16	0/−15	−7/−16	−4/−19	−12/−21	−9/−24	−13/−28	−17/−32	—	−22/−37
+180/0	±5.5	±9	+2/−9	+6/−12	+8/−19	0/−18	−9/−20	−5/−23	−15/−26	−11/−29	−16/−34	−21/−39	—	−26/−44
+210/0	±6.5	±10	+2/−11	+6/−15	+10/−23	0/−21	−11/−24	−7/−28	−18/−31	−14/−35	−20/−41	−27/−48	— −33/−54	−33/−54 −40/−61
+250/0	±8	±12	+3/−13	+7/−18	+12/−27	0/−25	−12/−28	−8/−33	−21/−37	−17/−42	−25/−50	−34/−59	−39/−64 −45/−70	−51/−76 −61/−86
+300/0	±9.5	±15	+4/−15	+9/−21	+14/−32	0/−30	−14/−33	−9/−39	−26/−45	−21/−51	−30/−60 −32/−62	−42/−72 −48/−78	−55/−85 −64/−94	−76/−106 −91/−121
+350/0	±11	±17	+4/−18	+10/−25	+16/−38	0/−35	−16/−38	−10/−45	−30/−52	−24/−59	−38/−73 −41/−76	−58/−93 −66/−101	−78/−113 −91/−126	−111/−146 −131/−166
+400/0	±12.5	±20	+4/−21	+12/−28	+20/−43	0/−40	−20/−45	−12/−52	−36/−61	−28/−68	−48/−88 −50/−90 −53/−93	−77/−117 −85/−125 −93/−133	−107/−147 −119/−159 −131/−171	−155/−195 −175/−215 −195/−235
+460/0	±14.5	±23	+5/−24	+13/−33	+22/−50	0/−46	−22/−51	−14/−60	−41/−70	−33/−79	−60/−106 −63/−109 −67/−113	−105/−151 −113/−159 −123/−169	−149/−195 −163/−209 −179/−225	−219/−265 −241/−287 −267/−313
+520/0	±16	±26	+5/−27	+16/−36	+25/−56	0/−52	−25/−57	−14/−66	−47/−79	−36/−88	−74/−126 −78/−130	−138/−190 −150/−202	−198/−250 −220/−272	−295/−347 −330/−382
+570/0	±18	±28	+7/−29	+17/−40	+28/−61	0/−57	−26/−62	−16/−73	−51/−87	−41/−98	−87/−144 −93/−150	−169/−226 −187/−244	−247/−304 −273/−330	−369/−426 −414/−471
+630/0	±20	±31	+8/−32	+18/−45	+29/−68	0/−63	−27/−67	−17/−80	−55/−95	−45/−108	−103/−166 −109/−172	−209/−272 −229/−292	−307/−370 −337/−400	−467/−530 −517/−580

参 考 文 献

［1］耿玉岐. 怎样识读机械图样［M］. 北京：金盾出版社，2006.

［2］胡建生. 化工制图［M］. 北京：高等教育出版社，2001.

［3］杨君伟. 机械制图［M］. 北京：机械工业出版社，2007.

［4］王幼龙. 机械制图［M］. 北京：高等教育出版社，2007.

［5］陈彩萍. 工程制图［M］. 北京：高等教育出版社，2003.

［6］王　冰. 工程制图［M］. 北京：高等教育出版社，2007.

［7］谢　军. 现代机械制图［M］. 北京：机械工业出版社，2006.

［8］宋巧莲. 机械制图与计算机绘图［M］. 北京：机械工业出版社，2007.

［9］钱可强. 机械制图［M］. 北京：高等教育出版社，2005.

［10］刘朝儒，吴志军，高政一，等. 机械制图［M］. 2 版. 北京：高等教育出版
　　社，2006.

［11］韩玉秀. 化工制图［M］. 北京：高等教育出版社，2001.

［12］金大鹰. 机械制图［M］. 北京：机械工业出版社，2005.